新型农民现代农业技术与技能培训丛书

西瓜园艺工培训教材

杨万邦　刘东顺　编著

金盾出版社

内 容 提 要

本书由甘肃省农业科学院杨万邦、刘东顺两位专家编著。主要内容包括：西瓜园艺工的岗位职责与素质要求、须具备的基础知识、西瓜育苗技术、保护地设施建造和日光温室的环境调控及新技术的应用、保护地栽培技术、露地栽培技术、病虫害防治技术、贮藏保鲜技术。本书内容全面，科学性、先进性、可操作性强，文字通俗易懂。可作为西瓜园艺工培训的教材，亦可作为广大农民提高西瓜栽培管理技术的自学读物。

图书在版编目(CIP)数据

西瓜园艺工培训教材/杨万邦，刘东顺编著．—北京：金盾出版社，2008.6

(新型农民现代农业技术与技能培训丛书)

ISBN 978-7-5082-5115-8

Ⅰ．西…　Ⅱ．①杨…②刘…　Ⅲ．西瓜—蓏果园艺—技术培训—教材　Ⅳ．S651

中国版本图书馆 CIP 数据核字(2008)第 070794 号

金盾出版社出版、总发行

北京太平路 5 号(地铁万寿路站往南)

邮政编码：100036　电话：68214039　83219215

传真：68276683　网址：www.jdcbs.cn

封面印刷：北京印刷一厂

正文印刷：北京华正印刷有限公司

装订：北京华正印刷有限公司

各地新华书店经销

开本：850×1168 1/32　印张：5　字数：120 千字

2011 年 6 月第 1 版第 3 次印刷

印数：15 001—20 000 册　定价：9.00 元

新型农民现代农业技术与技能培训丛书

序　言

中共中央、国务院[2007]1号文件明确指出，加强“三农”工作，积极发展现代农业，扎实推进社会主义新农村建设，是全面落实科学发展观、构建社会主义和谐社会的必然要求，是加快社会主义现代化建设的重大任务。

我国农业人口众多，发展现代农业、建设社会主义新农村，是一项伟大而艰巨的综合工程，不仅需要深化农村综合改革、加快建立投入保障机制、加强农业基础建设、加大科技支撑力度、健全现代农业产业体系和农村市场体系，而且必须注重培养新型农民，造就建设现代农业的人才队伍。

胡锦涛总书记在党的十七大报告中进一步指出，要培育有文化、懂技术、会经营的新型农民，发挥亿万农民建设新农村的主体作用。

新型农民是一支数以亿计的现代农业劳动大军，这支队伍的建立和壮大，只靠学校培养是远远不够的，主要应通过对广大青壮年农民进行现代农业技术与技能的培训来实现。金盾出版社在对农业岗位培训进行广泛调研的基础上，与中国农业大学老科技工作者协会、华中农业大学老教授协会等单位共同策划，约请数百名农业专家、学者参加，组织编写了“新型农民现代农业技术与技能培训丛书”(以下简称“丛书”)。“丛书”坚持从现阶段我国青壮年农民的文化技术水平出发，突出现代农业技术与技能的传授，注重其先进性和实用性；“丛书”以教材形式编写，共有88个分册，涉及81个农业岗位，除水稻农艺工、蔬菜园艺工、蔬菜植保员、果树植保员分南方本和北方本外，其他均为一个岗位一本培训教材，以方便县(市)、乡(镇)、村组织新型农民培训和农业企业进行岗位培训时选用。“丛书”的组编和出版，还得到了河北农业大学、沈阳农业大学、西北农林科技大学、甘肃农业大学、北京农学院、山东畜牧兽医职业技术学院、大连民族学院、中国农业科学院茶叶研究所、中国农业科学院油料研究所、中国农业科学院郑州果树研究所、中国农业科学院特产研究所、中国农业科学院桑蚕研究所、中国养蜂学会、内蒙古自治区农牧科学院、甘肃省蔬菜研究所、山东省果树研究所、广西壮族自治区柑桔研究所、山西省畜牧兽医研究所等单位部分专家、教授的支持和参与，并列入劳动和社会保障部《全国职业培训与技能鉴定用书目录》，进行推荐，使我们深感欣慰，在此表示衷心感谢。我们希望和相信，通过“丛书”的出版发行，能为新型农民队伍的发展壮大贡献一份力量，也能为现代农业技术与技能培训积累一些可供借鉴的经验。

“丛书”编写时间有限，各分册存在不足或错漏在所难免，恳请同仁和各使用单位批评指正。

编委会

2008 年 1 月

目　　录

第一章　西瓜园艺工的岗位职责与素质要求

一、西瓜园艺工的岗位职责

一是坚决服从上级领导的统一指挥，认真执行其工作指令，一切行为向主管领导负责。

二是严格执行单位规章制度，认真履行其工作职责。

三是协助制定相关单位西瓜生产计划，生产用具、农资的采购，工作目标的拟订、执行及控制。

四是协助制定单位临时工管理制度，设计临时工工作程序，研究、分析并提出改进工作的意见和建议。

五是负责西瓜的育苗、定植、定期浇水、施肥及田间管理工作，做好西瓜的病虫害防治、整枝、冬季和春季日光温室生产的保暖、生产设施的维护等常规工作。

六是及时采收西瓜，做好商品西瓜的分级、包装、贮藏工作。

七是做好农机具、化肥、农药的保管。库内排放整齐，领用时均应有签名，确保物资管理流程清晰，做到出库入库手续清楚。

八是搞好安全生产，农机、电器的使用要按规范操作，注意用药、用肥安全，杜绝浪费现象。

九是负责生产场所和工具房的卫生，保持整洁，做好防火、防盗工作，防止一切事故的发生。

十是认真做好单位领导交办的其他工作任务。

二、西瓜园艺工的素质要求

(一)职业道德

1. 敬业爱岗,勤奋钻研 忠于职守,吃苦耐劳,勤奋工作,刻苦钻研,做好西瓜生产中的每个环节。

2. 遵守纪律,严格规章 自觉遵守劳动纪律和规章制度,严格按照规章制度办事,服从领导。按时上下班,上岗时坚守岗位,集中精力,不聊天、不怠工。

3. 努力要求上进,学好专业技术 努力学习岗位工种知识,刻苦钻研西瓜生产的新技术,不断提高思想文化素质,努力成为精通本职业务,又具有一专多能的复合型人才。

4. 维护生产秩序,安全生产 严格遵守技术规范和操作规程,确保完成生产任务。各项操作要细心,确保安全生产。

5. 厉行节约,珍惜生产资料 认真执行经济核算、农机具保养、农资保管制度,开展革新挖潜和合理化建议活动,节本增效,努力减少消耗和浪费,降低生产成本,提高经济效益。

6. 团结协作,尊重他人 提倡团结协作精神和尊重其他劳动者的良好风尚,互相关心,互相帮助。

(二)专业素质

一是了解国家相关农业政策、农业法规以及目前西瓜生产、市场需求的发展趋势。

二是掌握西瓜的植物学特征和农艺特性,会选择适合不同栽培模式的西瓜品种。

三是了解保护地设施的结构参数和建造技术,会选择适合本地生产需求的设施类型。

四是掌握西瓜保护地生产的环境调控技术，能将一些新技术应用于西瓜生产。

五是掌握西瓜的育苗、定植、植株管理、肥水管理、病虫害的无公害防治技术，以及产后分级、包装、贮运技术。

六是掌握西瓜生产中各种农机具、化肥、农药的安全使用知识。

七是能制定合理的西瓜生产计划、农资采购和使用计划以及茬口安排。

第二章　西瓜园艺工须具备的基础知识

一、西瓜的特征特性

(一)植物学特征

西瓜为1年生蔓性草本植物,是夏季主要果蔬,以成熟果实供食,每100克果肉含水分86.5~92毫升,总糖7.3~13克,以及丰富的矿物盐和多种维生素。西瓜根系发达,但根系木栓化较早,再生能力差。茎蔓生中空,幼苗茎直立,节间短缩,4~5节后节间伸长开始匍匐生长。蔓长因品种及栽培条件而异,一般节间长10厘米左右。分枝性强,尤其基部3~5节分生的侧枝出现早,而且健壮。单叶互生,有深裂、浅裂和全缘叶等叶型。花单性腋生,异花同株。个别品种雌花为两性花。雄花一般于第三至第五节出现,依据品种不同,主蔓第五至第十一节出现第一雌花,而后间隔5~7节再发生雌花。虫媒花,清晨开放,下午闭合,半日花。果实由果皮、果肉、种子3部分组成。果皮的厚度及硬度不同品种间差异较大,与耐运及贮藏性有关。果皮颜色有白色、绿色、黑色、黄色及花皮之分。果肉由胎座发育而成,果肉颜色有白色、黄色、红色、粉色,肉质分紧肉和沙瓤。果肉可溶性固形物8%~10%,高者可达11%~12%。果实有圆形、短圆筒形、长圆筒形等形状。小的果实重只有1~2千克,重者可达10~15千克。种子扁平,卵圆形或长卵圆形,着生于侧膜胎座。种皮白色、浅褐色、褐色、黑色或棕色,单色或杂色,表面平滑或具裂纹。种子千粒重因品种而异,小粒种子20~25克,大粒种子100~150克,一般为40~60克。

(二)生长发育与果实形成

1. 生育周期

(1)发芽期　从播种至第一真叶显露为止,在25℃~30℃条件下需10天左右。这一阶段主要是利用种子内部贮存的养分供胚芽萌动生长与胚根伸长。该期根系生长明显比地上部生长快;全株绝对生长量较小,对水肥要求很少。

(2)幼苗期　由第一片真叶显露至"团棵"(具5~6片真叶),在适宜条件下需25~30天。此期茎蔓节间短缩,植株直立,叶片较小,虽然地上部生长总量不大,但苗端已分化20多枚叶片,花原基和侧枝开始分化。幼苗期根系伸展很快,可初步形成分布广而深的根系。

(3)伸蔓期　由"团棵"至主蔓留果节位雌花(一般第二雌花)开放,在20℃~25℃条件下需18~20天。此期以雄花开花为界限可分为伸蔓前期和伸蔓后期。在伸蔓前期根系继续旺盛生长,茎叶生长开始加快,至伸蔓后期根系已基本建成,植株生长逐渐转变成以茎叶生长为中心。同时,还包含着雄花、雌花的陆续分化,孕蕾和开放的过程。所以,在伸蔓前期应以促为主,建成强大营养体系;伸蔓后期应以控为主,促进开花坐果。

(4)结果期　从结果部位雌花开花至果实成熟,在适宜条件下需28~45天,一般早熟品种30天左右,中熟品种35天左右,晚熟品种40天以上。根据果实生长发育及其形态特征、糖分转化、代谢生理生化特点综合来看,该期又可分为坐果期、果实膨大盛期和成熟期。坐果期自雌花开放至果实退毛为止,需4~6天。茎叶生长占优势,果实生长量较小,是以营养生长为主向生殖生长为主的过渡阶段,长秧与结果矛盾十分突出,是决定果实坐住与否的关键时期。果实膨大盛期从退毛开始到定个(定型)结束,在适温条件下需18~26天。此期以果实生长为中心,是决定产量高低的关键时期。成熟期是从定个至果实成熟，需 5 ~ 10 天。此期果实膨大已趋平缓，以果实内物质转化和种子发育为主，是决定西瓜品质的关键时期。

2. 果实发育 从果形发育来看，先是纵向发育，而后是横向生长；从果重及体积变化来看，前期增长慢、中期快、后期又慢下来，而且果重增长主要在夜间；从果实内部生理生化特点来看，随着果实成熟，果肉组织变软、水分增多、含糖量增加、色泽加深，逐渐呈现品种所固有的特征特性。西瓜在坐果期绝对生长量不大，以授粉受精、细胞分裂增殖为主，代谢非常旺盛。在膨瓜期发育速度快、绝对生长量大，总糖含量不断增加。果实膨大前期(约占果实膨大期的 3/5)以还原糖累积为主，蔗糖含量较少，果实甜度不大。果实膨大后期(约占果实膨大期的 2/5)以蔗糖累积为主，果实逐渐变甜。在成熟期果实体积、重量、总糖含量增加不多，但果实内部蔗糖含量稳步上升，还原糖含量下降，果实胎座细胞色素含量增加，迅速转变为品种固有的瓜瓤颜色。此时果实维生素含量较高，总酸含量下降。细胞间隙中胶层解离，果实密度下降，瓜瓤变软，果皮变硬，果实表面的花纹明显清晰，种皮硬化，种子逐渐成熟，果实最甜，品质最好。

二、西瓜的安全生产

(一)安全使用农药

1. 国家禁用与限用的农药

(1)禁止使用的农药 国家明令禁止使用的农药品种有：六六六，滴滴涕，毒杀芬，二溴氯丙烷，杀虫脒，二溴乙烷(EDB)，除草醚，艾氏剂，狄氏剂，汞制剂，砷、铅类无机制剂，敌枯双，氟乙酰胺，甘氟，毒鼠强，氟乙酸钠，毒鼠硅。

根据中华人民共和国农业部第322号公告，自2004年6月30日起，禁止在国内销售和使用含有甲胺磷、对硫磷、甲基对硫磷、久效磷和磷胺等5种高毒有机磷农药的复配产品。自2007年1月1日起，撤消其登记，并全面禁止在农业上使用。

（2）限用的农药　蔬菜、果树、茶叶和中药材不得使用甲胺磷，甲基对硫磷，对硫磷，久效磷，磷胺，甲拌磷，甲基异柳磷，特丁硫磷，甲基硫环磷，治螟磷，内吸磷，克百威，涕灭威，灭线磷，硫环磷，蝇毒磷，地虫硫磷，氯唑磷，苯线磷等19种高毒农药。

2．科学使用农药

（1）对症选用农药　西瓜病虫害及杂草的种类繁多。目前农药品种也越来越多，有害生物对农药的反应各不相同，对症用药或针对防治对象而选准农药十分重要。如杀虫剂中的胃毒剂对咀嚼式口器的害虫有效，防治刺吸式口器的害虫则无效；杀菌剂中的甲霜灵对霜霉病有效，若防治白粉病则无效。因此，只有对症选准用药才能收到较理想的效果。

（2）适时施用农药　选择适宜的时间施用农药，是控制西瓜病虫害发生、保护有益生物、避免药害与残毒的经济有效途径。对不同有害生物应有不同的防治适期；不同的农药具有不同的性能，防治适期也不一样。因此，确定防治最佳时间，必须把农药、防治对象和环境条件三者掌握好，才能充分发挥应有药效。在西瓜生产中，应首先掌握各农药品种及施药适期等有关知识，并结合田间实际调查情况进行防治，准时施药是关键。

（3）适量施用农药　掌握适宜的农药施用量是有效防治西瓜病虫杂草的重要环节。用药量过高，不仅造成浪费，而且会增加环境污染，甚至易产生药害或人、畜中毒；用药量太低又影响防治效果。在西瓜生产中，应严格按照各农药品种的指定用量，不得随意增减。为获得准确用量，应将防治面积、用药量和清水进行准确计算，不能草率估计。常用的施药量表示法有3种：①以每公顷施用制剂数量表示，如每公顷用20%粉锈宁乳油750毫升，加水1 125升喷雾；②用对水倍数表示，如用20%氰戊菊酯乳油2 000～3 000倍液喷洒；③用有效成分数量表示，如以600毫克/升浓度的65%多果定可湿性粉剂稀释液喷雾。

(4)采用正确方法施药　目前我国农药的施用方法很多，但在西瓜生产中的施药方法可归纳为7种：喷雾法、喷粉法、撒施法、浇灌法、毒饵法、熏蒸法、烟熏法。

(5)轮换使用农药　生产实践早已证明，一个地区长期单一使用某种农药，容易使有害生物产生抗药性，特别是一些菊酯类杀虫剂和内吸性杀菌剂，连续使用数年，防治效果会显著降低。轮换使用不同作用机制的农药，这可延缓有害生物产生抗药性；充分发挥农药药效。

(6)合理混用农药　合理复配与混用农药，可以提高防治效果，扩大防治对象，延缓有害生物的抗药性，延长传统品种使用年限，降低防治成本，有利于充分发挥现有药剂的作用。目前，农药复配混用常用两种方法：一种是农药厂把两种或两种以上的农药进行混配加工，生产出不同的制剂作为商品农药投放市场；另一种是生产者根据当时当地病虫草害防治的实际需要，把不同农药合理混匀并施用。现在农药混用的主要类型有杀虫剂加增效剂、杀虫剂加杀虫剂、杀菌剂加杀菌剂、除草剂加除草剂、杀虫剂加杀菌剂等。请千万注意，农药混用并不是任意组合，不可盲目搞混用。生产者在田间现混现用，不仅要明确供混农药的性能，而且要查清其理化性质，也应坚持先试验、后混用的原则。否则，既不会发挥增效作用，还可能增加毒性，对西瓜产生药害或对防治对象降低药效。

3. 安全使用农药　大多数西瓜采摘后很快被人们直接食用。农药在西瓜生产中使用是否正确，对消费者的身体安全关系密切。作为瓜农既是生产者又是消费者，应高度重视农药的安全使用问题，认真做到如下几点注意事项。

(1)严格控制高毒农药使用　尽量选用低毒类农药、生物农药及植物源农药。在西瓜生产过程中，严禁使用二九一一、甲基一六〇五、呋喃丹等高毒农药；严格限制使用中等毒性的各种农药；提倡推广苏云金杆菌(Bt乳剂)、烟碱合剂等无公害农药，以及农业部推广使用的农药。既可有效控制病虫害，又能对西瓜食用安全无害，符合无公害生产要求。

(2)严格执行农药使用"安全间隔期"规定　各类农药在施用后的分解速度不同。残留时间长的农药在收获西瓜的临近期禁止使用。

(3)严格掌握农药使用操作规程　在使用农药过程中，操作人员必须防护好个人身体，避免药剂沾染眼睛和皮肤，严防人、畜中毒，防止因用药污染生活环境与养殖业水源。

(4)注意防止西瓜产生药害　用药不适宜、浓度过高或环境条件不利，对西瓜往往会造成药害。某种农药对某种蔬菜是安全的，但对西瓜却易产生药害，主要原因是不同的作物对同种农药反应有很大差别。

(5)贮存农药要妥善　农药上的说明书要保持完好，以免误用或误食；农药不能与粮食或食品混放在一起，以免不慎而使人、畜中毒；农药应放在儿童不易拿到的地方，而且要远离火源；液体农药严冬时要防冻，粉剂农药要防潮，大多数农药要防止阳光照晒。长期存放或存放条件差的农药会失效，对失效农药往往加大使用浓度，这更易对西瓜造成药害。

(二)安全使用肥料

1. 施肥原则　①根据土壤肥力和作物需要，确定施肥种类和施肥量，提倡配方施肥。施肥以有机肥为主，化肥为辅。商品肥料必须通过国家有关部门的登记认证及生产许可，质量指标达到国家有关标准要求。禁止使用未获准登记的化学合成肥料产品，确保所使用的肥料对作物和农业环境不产生不良影响。②提倡使用有机肥料、商品有机肥料、微生物肥料。化肥必须与有机肥配合施用，化肥纯氮施用量不许超过有机肥纯氮量。③禁止使用未经无害化处理的城市生活垃圾和工业废物。④农家肥料原则上就地生产就地使用，外来农家肥料应确认符合要求后才能使用。农家肥料无论采用何种原料制作堆肥，必须高温发酵，以杀灭寄生虫卵、病原菌和杂草种子，使之达到无害化卫生标准。对于高温堆肥，要求堆肥温度最高达 50℃～55℃，持续 5～7 天；对于沼气发酵肥，要求密封贮存期 30 天以上；高温沼气发酵温度 53℃ ± 2℃，持续 2 天；寄生虫卵沉降 95%以上。

2. 氮、磷、钾肥和复合肥的合理应用

(1)氮肥　常用的氮肥有 3 种形态，即铵态、硝态和酰胺态(尿素)，均易溶于水。铵态氮肥切勿与碱性肥料混施，如碳酸氢铵、硫酸铵、硝酸铵、磷酸铵切勿与草木灰、窑灰钾混用，以防发生化学反应分解为氨气而挥发。碳酸氢铵俗称“气肥”，不宜浅施及在温室内使用，施用深度应在 6 厘米以上，防止氨气挥发。硝态氮肥勿施用于水田，如硝酸铵、硝酸钠等可分离出的硝酸根离子，在水田中易被水淋失至土壤深层，产生反硝化作用而损失氮素。旱地施用硝态氮肥，也忌用在大雨之前或者施后浇大水。尿素施用后不宜立即浇水，更不宜顺水撒放尿素，尿素施入土壤后转化为酰铵，很容易随水流失。

(2)磷肥　磷容易被土壤吸附固定从而失去肥效，因此不宜分散使用。现在农民多把钙、磷肥料均匀撒施在土中而造成浪费。应当减少磷肥与土壤接触面积。具体做法可先将钙、磷肥同积肥堆沤月余，再沟施或穴施在西瓜根系附近。

(3)钾肥　钾肥不宜在西瓜生长后期追施。钾能从西瓜下部茎叶中转移到顶部幼嫩部分再利用。缺钾症比缺氮、磷症状表现较晚。钾肥应提前在西瓜伸蔓期和膨瓜期追施。

(4)复合肥 是指含有两种或两种以上营养元素的肥料。复合肥料中各营养元素的含量比较固定,例如磷酸二铵含氮18%、含五氧化二磷46%。在应用复合肥料时,应根据土壤类型、西瓜不同时期对各种养分的需求而选用相应的种类,或采用复合肥与其他化肥配合使用。如选磷酸二铵作肥料,其氮、磷含量比为1:3。由于其不含钾元素,不能完全满足西瓜生长的需要,因此不足的营养成分可分别用尿素、硫酸钾等进行补充以满足生长需求。

3. 生理酸、碱性肥料和微肥的合理应用

(1)生理酸、碱性肥料 一些化学肥料,由于植物选择性地吸收其中的某一离子,可使土壤变酸或变碱,这样的肥料不能长期使用。例如硫酸铵属于生理酸性肥料,土壤中硫酸铵中的铵离子被吸收,而硫酸根离子残留在土壤中,会增加土壤酸性。在一块土地长期使用后会破坏土壤团粒结构,使土壤板结变硬。氯化铵、氯化钾等化肥施入土壤后氯离子则残留在土壤中,长期施用就会使土壤氯离子累积增多,导致土壤酸化。在盐碱地上使用,会加重盐害。西瓜是忌氯作物,在西瓜地长期施用含氯的肥料会大大降低西瓜产量和品质。

(2)微肥 这是微量元素肥料的简称。微肥是提供植物微量元素的肥料,如铜肥、硼肥、钼肥、锰肥、铁肥和锌肥等。微肥不宜直接施于土中,应作为种肥或叶面喷施。一般拌种用量为每667平方米(1亩,下同)25~35克;浸种用0.05%浓度浸泡12~24小时,捞出晾干后即可播种;叶面喷施以0.05%的浓度为宜,并可与农药混合使用。

4. 有机肥料的合理应用 有机肥料多为利用植物秸秆或人粪尿和畜禽粪等经高温、堆沤而制成的肥料。在使用时应注意以下几个方面:①未腐熟的家畜家禽粪尿不宜作为种肥或者追肥,因其会产生大量的二氧化碳气体,使种子缺氧窒息;另外,它在土壤中发酵分解产生大量的热能，会加快土壤水分的蒸发，不利于种子和幼苗的吸收。②未腐熟的饼肥不宜大量直接施用于西瓜。饼肥的碳氮比较小，分解较快，易产生高温。施用未腐熟的饼肥，会使局部温度高，烧坏根系或者影响种子发芽，还会招引、滋生地下害虫。应用时应将饼肥压碎并用人粪尿浸泡至发热后才能使用。③人粪尿不宜直接喷洒在瓜地上，因其含有多种病菌、虫卵等。如果不经过腐熟处理，直接用于瓜地，会污染果实。利用时必须经过高温堆沤或与其他肥料混合堆积沤制、药剂处理后才能使用。

5. 常用化肥的特性与用法

(1)碳铵　弱碱性。可作基肥和追肥，不能作种肥。施用时应深施或覆土10厘米左右，不可与硝酸铵、过磷酸钙混合。

(2)尿素　中性。适用于各类土壤，宜作基肥、追肥，不能作种肥。

(3)过磷酸钙　弱酸性。可作基肥、种肥和追肥。适用于中性或酸性土壤，一般应配合有机肥料施用。追肥以其滤出液根外喷施。

(4)硝酸铵　弱酸性。可作追肥，不能作基肥、种肥。早春茬西瓜不宜施用。不可与有机肥料混合堆、沤制。施于水田因反硝化作用而效果差，常用于旱地作物。

(5)氮磷钾复合肥　宜作基肥和早期追肥。

(6)钙镁磷肥　弱碱性。可作基肥，一般不宜作追肥施用。适用于酸性土壤。

(7)硫酸钾　生理酸性肥料。作基肥、追肥均可，施用时应适当集中施用。

(8)磷酸二氢钾　目前多用于浸种和叶面追肥，效果都很好。

(9)氮磷复合肥(如磷酸铵)　适用于各种土壤，宜作基肥。若作追肥宜早施，作种肥时不能与种子直接接触。

(三)安全用电

农业用电具有分散性、季节性和随意性的特点,意外伤亡事故发生较严重。因此,需要认真加强法律、法规和安全用电知识的学习,不断提高自我安全保护意识,只有这样才能有效防止事故的发生。

1. 掌握安全用电的基本知识

一是无论是单位还是个人,需要安装电气设备时,应由电工进行安装。电气设备出现故障时,要由电工进行修理。

二是自觉遵守安全用电规章制度,禁止私拉电网,私自安装电器。

三是电动机等具有金属外壳的电气设备,应按规定进行接地线。安装、修理及接地线,要由电工进行。

四是熔丝(保险丝)要符合规格,要根据用电设备的容量(瓦数)来选择。安装熔丝时,先要拉闸,后断电源,然后再装上合乎要求的熔丝。如果熔丝经常熔断,应由电工查明原因,排除故障。

五是晒衣服的铁丝不要靠近电线,以防铁丝与电线相碰。更不要在电线上晒衣服、挂东西。此外,还要防止藤蔓、瓜秧、树木等接触电线。

六是需要拉接临时电线时,都必须经供电局同意,由电工安装,禁止私拉乱接临时电线。临时电线要采用橡皮绝缘线,离地面不低于2.5米,并且要有专人管理,用过后要及时拆除。

七是教育儿童不要玩弄电线、灯头、开关、电动机等电气设备,不要到电动机附近玩耍,不要爬电杆或摇晃电杆拉线,不要在电线、电器附近玩耍。

八是发现落地的电线,离开10米以外,更不要用手去拾。同时,要设法看护落地电线,并请电工来处理,以防他人走近而发生触电。

九是移动电气设备时，一定要先拉闸停电，后移动设备，绝不要带电移动。把电动机等带金属外壳的电气设备移到新的地点后要先安装好接地线，并对设备进行检查，确认设备无问题后才能开始使用。

十是不要在电杆和拉线附近挖土，更不要在电杆和拉线附近放炮崩土，以防崩坏、崩断电线。不要把牲畜拴在电杆或拉线上，以防电杆倾斜、电线相碰，甚至发生倒杆断线事故。

十一是电线下方不要立井架。修房屋或砍树木时，对可能碰到的电线，要拉闸停电。砍伐树木时，应先砍树枝，后断树干，并使树干倒向没有电线的一侧。

十二是地埋电力线埋设深度不应小于 1 米。平整土地和拖拉机田间作业时，应特别注意不要碰断地埋线。

十三是安装电气设备时，应符合安装要求，不能使用有裂纹或破损的开关、灯头和破皮的电线。电线接头要牢靠，并用绝缘胶布包好。发现有破损现象时，要及时找电工修理。

十四是不要在电线下盖房子、堆柴草、打场等。在灯泡开关、熔丝盒和电线附近，不要放置油类、棉花、木屑等易燃物品，以防发生电气火灾。如果发现有烧焦橡皮、塑料的气味，应立即拉闸停电，查明原因妥善处理后才能合闸。

十五是下雷雨时，不可走近高压电杆、铁塔、避雷针的接地线和接地体周围，以免因跨步电压而造成触电。

2. 西瓜生产中几种常用电器的安全使用知识

(1)小型潜水泵　这是西瓜生产中浇水时常用的设备。由于使用范围广，操作方便，男女老少都会使用，因此触电致死的事故时有发生。为避免此类不幸事故的发生，现将小型潜水电泵安全用电应注意的几个问题简述如下。

使用单相微型潜水电泵，电源插头必须是带有接地的三相插头，在产品出厂前按安检标准要求插头上都有彩色封漆标志。如发现插头上没有封漆，使用时要特别小心，要正确判断火线、地线及接地线插足是否正确。平时不可随意拆卸电源插头，更不可贪图方便直接将导线线头强行插入电源插座孔内凑合着使用。否则，遇到阴雨天或在潮湿的温室使用时极易漏电危及人身安全。在小型潜水泵作业的水面，操作人员不能赤脚在水中行走，以免发生触电死亡的事故。

潜水泵专用电缆不能随意顺地拖拉，以防电缆被地上利物刮破包皮而漏电，操作人员不注意，身体触及后而发生触电事故。在提取潜水泵时不可将电缆线当作吊绳来用，以免电缆脱节漏电。电缆在穿越道路时，为避免车辆碾压，在电缆上应遮盖覆盖物防护。

潜水泵电缆线不可随意剖割对接，一般在购泵时就应确定好电缆的长度。如果确实需要对接电缆，必须将相同颜色的绝缘皮中的导线连接，线头必须绞紧。每相导线必须分别用绝缘布包紧。电缆接头部不得放在水下或水坑中，避免水从接头中渗入而短路。

一般清水小型潜水电泵富余容量小，不能过载运行。使用时，看到水已抽干应立即改变抽水点，不可将潜水电泵埋在污泥中运转，以免泵叶轮无法运转而造成过载而烧坏电机。离心泵叶轮不能在大流量情况下长时间运转，流量过大极易过载而烧坏电机。就是选用了小型污水潜水电泵，在使用时也必须注意抽送污水的浓度要符合此泵规定的浓度。

小型潜水电泵看上去小巧，但内部结构复杂，在发生故障时不可随意拆卸，没有专门知识和拆装专用工具是不易打开的。发生故障应送至生产厂家和维修点修理，这也是保证安全的一个重要方面。

小型潜水泵如长期不使用，应将泵提出水面，清洗干净，放在通风处晾干，妥善保管。

(2)电热线　电热温床的使用是西瓜育苗技术的大发展。为了使这项新技术顺利、安全地应用于生产，防止发生意外事故，应注意以下几点：①按规定安装和验收。②电器设备要经检验。③按规定的要求方法接线，电热线不能交叉、两条线也不能互相接触。若电线交叉重叠，通电后交叉处的温度会很高，易烧坏绝缘。④每根电热线的功率是额定的，不能剪短或两根线串联使用。⑤进行苗床操作时，必须先切断电热线电源。避免穿高跟鞋或硬底鞋进入苗床，以免碰伤电热线。一旦线断了或弄破绝缘，可用热熔胶修补好再使用。

（四）安全使用农业机械

1. 安全作业的基本要求 ①新购置的农业机械，必须验明生产许可证、安全认证和推广许可证。在作业前必须详细阅读其说明书，认真研究并熟练掌握该机的构造、原理、作用和使用方法、维护保养及其操作要点。②已使用过的农业机械在作业前必须经过严格检修，合格后方可使用。严禁使用假冒伪劣或报废的农业机械。③认真执行各项技术保养、技术调整的规定，检查各主要部件，拧紧螺栓、螺母，按规定注入润滑油。④作业前要详细检查作业的地块或现场，清除障碍物；不能清除的应设立明显的标志，并告知相关人员。⑤农机驾驶员和农具操作手必须经过培训，特别是安全技术的学习和教育，必须做到持证上岗，禁止疲劳作业和在作业地块躺卧休息。绝对禁止无证或酒后驾驶或操作。⑥农业机械安全监理人员应经常深入农业机械作业现场，开展安全教育和安全生产检查，维护安全生产秩序。⑦农机具应备有足够、有效的灭火器具（如砂袋、灭火器、灭火钩等），也要放在易于存取而且比较显眼的位置。动力机械排气管要及时清除积炭，安装严密并装上火花收集器，定时检查清除积尘物。排气管短的要加长，确保不冒火星。⑧农机具的传动链和传动皮带的防护罩盖应完整可靠。农机的扶梯护栏、扶手、踏板等应安装牢固可靠，操纵台栏杆下应设有挡板,以防失足伤人。⑨农机具夜间作业,应有充足的照明设备,以便随时可以发现出现的故障,及时排除故障。⑩两台以上农机具在同一地块作业时,相互间应间隔一定距离,以免出现碰撞事故。

2. 作业中的注意事项 ①作业中农机驾驶员和农具操作手必须集中精力,眼看前方地面情况,耳听机具作业时发出的声音,发现异常现象应立即停止作业。当出现铁料、石块、砖块等障碍物时,应立即切断传动离合器或输送离合器。绝对禁止在不切断离合器的情况下排除障碍。②作业中禁止清理危险部位,如刀轴、链轮、传动轴、分离机构、切割器、行走轮等。必须清除时,一定要切断离合器。③作业中禁止排除各种故障,一定要排除时必须停车或断电。④作业中禁止调整和润滑工作。⑤作业中禁止靠近皮带轮旁停留或跨越传动部位。⑥动力机停机前,应先卸去负荷,低速运转数分钟后才能熄火。不准在满负荷工作时突然停机熄火。⑦作业中要遵守防火规则:作业现场不允许吸烟和携带引火物;油路不得有渗漏,排气管不得漏气,排气管有杂物应及时清除;电器线路不得裸露和擦伤,高压线要连接牢固;照明用电灯不准用明火;汽油机不得用吊火启动,加油要熄火,并不得过量。

思考题

1. 西瓜对生长环境有哪些要求?
2. 在西瓜育苗中如何安全正确使用电热线?
3. 简述西瓜生产中怎样做到科学使用肥料和农药。

第三章　西瓜育苗技术

一、常规育苗技术

(一)育苗床建造技术

1. 冷床建造技术　冷床育苗主要靠太阳辐射为能源,这种育苗床建造容易、耗能少、成本低,管理方便,适于大面积应用。但易受天气和环境条件限制,播种不宜过早。在山东省、河南省北部和河北省南部各地,3月中旬以前育苗的,应在前一年封冻前建好苗床;3月中旬以后育苗的,可在春季土壤解冻以后建造。南方各地均在播种前7~10天建好苗床。冷床育苗既可直接采用平畦小拱棚薄膜覆盖,也可采用阳畦育苗,尤以后者应用最多。

(1)床址选择　床址应选择在背风向阳、地势高燥、受光良好、水源较近,且有5年以上未种过瓜类作物的地块。据此,苗床可建在宽阔的农院,也可建在瓜田附近,以便管理。

(2)苗床面积　西瓜育苗多采用8厘米×8厘米营养钵育苗,这样每平方米苗床育苗150株,按每667平方米栽种1 500株,再加上20%预备苗计算,每种植667平方米需育苗床12平方米。一般苗床宽1.2~1.5米、长7米为宜。

(3)苗床建造　苗床应坐北向南,东西延长。先整平畦面,后在北侧架设1.5~2米高风障,风障材料宜就地选用,玉米秸、高粱秆、芦苇、稻草等均可。建造苗床时先压实地面,然后根据苗床大小划线挖土。苗床深18~20厘米,苗床底部要铲平,床壁顺直,床土要夯实。采用垒砌法夯实床框,一般北框高35~40厘米,南框高 15～20 厘米，东西框与南北框自然相连、呈南低北高斜坡。苗床建好后在其上架设竹竿，后铺设塑料薄膜，压紧压实。为加强防寒保温作用，夜间再覆盖草苫、薄席或棉被，防止冷风侵袭，减少热量散失。

2. 酿热温床建造技术 酿热温床是指床底埋有酿热物的温床。一般可采用马粪、秸秆等有机物作酿热物，通过微生物的分解作用而发酵生热。

(1)挖床坑 床坑的深度要按照各地的气候条件、苗龄长短和酿热物发热量的大小而定。气候寒冷、苗龄长、酿热物发热量小，则要求床坑挖得深，以便多填充酿热物提高床温。如在塑料棚中挖温床或用露地塑料小拱棚作为酿热温床，坑底部修成两边稍低、中间呈龟背形，平均深度为 40～50 厘米。拱形温床可挖成宽 100～120 厘米，中部深 30～35 厘米，四周深 40～45 厘米。斜面温床可挖成宽 120～150 厘米，中部深 35～40 厘米，四周深 45～50 厘米。长度与冷床相同。

(2)酿热物的种类 可分为高热酿热物和低热酿热物。前者如新鲜的马、羊、鸡、鸭粪等，后者有猪、牛粪和秸秆、稻草等。南方地区一般以新鲜的猪、牛栏粪草为主，辅以新鲜的人粪尿和鸡、鸭粪等高热酿热物。北方地区则多为马、羊、鸡、兔粪等。在酿热物中效果最好的是马粪。

(3)垫放酿热物 苗床挖好后，北方各地应选用未结冻并刚开始发酵的马粪，切不可用冻马粪或已经发酵过的马粪。踩马粪时应注意干湿适度。如果过干，要泼一些水，做到用力一踩略见水即可。马粪踩好后马上盖上塑料薄膜，不留缝隙，以防老鼠等窜入。夜间盖草帘保温，并在马粪中插上温度计，观察发热情况。铺放酿热物时，应分 2～3 次填入，每填一次都要踩平踩实。直到酿热物的中部厚度达到 15～20 厘米，四周达到 20～30 厘米为止。然后在酿热物上面铺上 2 厘米厚的碎土或细沙，使摆入的育苗钵平稳、整齐。待2~3天后即可摆入装有营养土的育苗钵,准备播种育苗。

放酿热物时应注意以下几点:第一,垫酿热物的时间,最好在播种前1周左右。若用几种不同的酿热材料或是冷性和热性的有机物,则可以分层搭配填充,以使发热充分和均匀;第二,酿热物一定要新鲜和刚开始发酵的,才能产生足够的热量;第三,填酿热物时,最好浇适量的新鲜人粪尿,使酿热物的含水量为65%~70%,其发酵升温快;第四,酿热物只能填至离床坑口17~22厘米处,若垫得太满,易散热,保温效果差;若垫得太低,播种、"摘帽"等苗床操作不方便。

3. 电热温床建造技术 电热温床是在苗床内安装上电热线来提高苗床温度的一种育苗床。其温度可根据西瓜品种生育阶段对土温和气温的要求进行调节。由于电热温床育苗设备简单、升温快、易控温,能够在外界温度较低的情况下育苗,有利于冬、春季节提早育苗,培育大苗、壮苗。西瓜电热温床的建造程序和方法如下。

(1)设备选择 电热加温线通常为外包漆皮的0.6~0.9毫米的镀锌铁扎丝。目前大都使用上海农机所生产的产品,型号为DV系列250~1 000瓦几种规格,其长度为50米、60米、80米、100米和120米等5种类型。应选择功率适宜、线质柔软、接头完好、通电6小时后表面温度低于40℃的电热线。

温度控制器多为上海产的KWD型号,该控制器与天津第二开关厂生产的CT10-10、CT10-40交流接触器配套使用。在不寒冷的地区,只夜间加温,可不用温度控制器,而用电开关控制。天冷时可夜间接通电源,白天有太阳时切断电源。

(2)设计布线距离 根据各地试验测算,当外界气温为-10℃时,苗床5~10厘米土层地温保持18℃~20℃,电热温床的功率密度以每平方米100瓦为宜。北方要求的功率高,南方则稍低一些,一般要求每平方米使用的功率为 60 ~ 80 瓦。每根 DV 型 1 000 瓦的电热线可供 10 平方米使用。安装电热线之前，要根据当地的气候条件确定功率密度(单位面积苗床上使用的功率)。确定了功率密度之后按下列步骤进行计算。

电热温床的总功率 = 苗床面积 × 功率密度；

需用成品电热线的根数 = 电热苗床总功率/每根线功率；

电热温床断面铺设电热线根数 =（电热线总长度 － 苗床宽度)/苗床的长度。

为了便于布线和安全用电，苗床断面线的根数应该取偶数，这样可以使线头、尾都在苗床的一端。

电热线的平均间距 = 温床的宽度/电热温床断面铺线根数。

在实际铺设电热线时，不是等距离布线。而是苗床两边间距小，布线密；中间间距大，布线稀。因为苗床两边散热快，中间散热慢，这样布线能使苗床各处温度趋于一致。例如，一个苗床的宽度为 1.5 米，断面铺设 10 根线，即 5 个来回，各电热线的间距可为 6 厘米、9 厘米、12 厘米、14 厘米、21 厘米、21 厘米、14 厘米、12 厘米、9 厘米、6 厘米。

(3)电热温床建造步骤

①挖床坑：床坑的深度为 18 ~ 20 厘米。再耙平床底，切齐床墙。

②铺隔热层：在床底均匀铺上 5 ~ 6 厘米厚的木屑、麦秸、糠灰等隔热材料，减少床中热量损耗，节约用电。在隔热层上铺 5 厘米左右厚的园土，其颗粒可以大一些，以利于水分下渗。

③布线：在园土上按预定的间隔距离布电热线。简易布线方法是：先准备好若干长 20 厘米左右的小竹签或木棍，布线时将其按布线间距直接插在苗床两端。电热线绕过竹签或木棍即可，切不可重绕。布线从电源的一头开始，靠苗床两边的 2 个线头应配成对。床中间的线也都成对，以使 2 个线头都靠近电源便于接线。

④铺沙：在电热线上均匀铺5～7厘米厚的细沙，以便使电热线的热量均匀散出。但沙不可太厚，否则热量不易散出。

⑤控温仪：安好控温仪，接好电源。如不使用控温仪，可将电热线直接接在闸刀开关上，用手拉闸控温。

(4)电热温床育苗应注意的问题　电热线的安全使用见第二章相关内容。温床通电后要经常检查，床中要有地温表和温度计，谨防温度过高。由于电温床的土温高，水分蒸发快，所以要注意苗床浇水、保湿。

(二)营养土配制

1. 营养土

(1)营养土成分　营养土的结构和成分对西瓜根系和幼苗的生长有直接的影响。育苗用的营养土要求肥沃、疏松，营养全面，保水保肥，无病菌、虫卵和杂草种子，没有石块等硬物，并且是富含有机质且透水性好的壤土或砂壤土。不要用透水、透气性差的黏土。为避免土壤带菌，可在近4～5年内未种过瓜菜的地里取大田土。若是要冬天或早春育苗，最好在冬前挖土，以免土地冻硬而无法挖取。

营养土应以田土和农家肥以及其他添加物混合配制，最好于使用前15天堆制腐熟，拌匀。必要时可在培养土中加入少量的化肥，但必须控制用量，并与土混合均匀，以免烧伤根系。具体的配制比例，可根据当地土质灵活掌握：若是砂壤土质，则用7份大田土、3份腐熟的厩肥；若是黏土，则用5份大田土、2份细沙或蛭石或腐熟的锯末、3份腐熟的厩肥。具体的配比可根据当地的土质和厩肥肥力灵活掌握。厩肥以羊粪最好，马粪、人粪尿也可。最好于使用前3个月堆制腐熟，拌匀，过筛后使用。必要时可在营养土中加入少量的化肥，但必须控制用量，大块颗粒要磨细，并与土充分拌匀，以免烧根。其用量为1立方米营养土加尿素、磷酸二铵、硫酸钾各 0.5～1 千克，或三元（氮、磷、钾，下同）复合肥 1～1.5 千克。

营养土里含有大量病原菌和害虫卵，因此必须进行消毒。1 立方米营养土消毒常用 40% 甲醛 200 毫升加水 25～30 升，或用 80～120 克多菌灵对水后洒到土里，可防止苗期猝倒病、立枯病等病害。苗床底部用 90% 敌百虫 800 倍液浇注，可有效防止蚯蚓、蝼蛄等地下害虫为害。

（2）配制方法　具体的配制方法是先将大田土和厩肥分别用细网过筛，除去石块、杂草以及大块颗粒，按照上述比例将大田土、厩肥、化肥等混合均匀。有的地方直接将杀虫、杀菌剂拌入营养土，这样若营养土太干杀虫、杀菌效果不好。一般是将杀虫、杀菌剂配制好后装入洒水壶或喷雾器，然后一边摊营养土，一边用洒水壶或喷雾器往营养土洒杀虫、杀菌剂。要求每摊一层营养土，均匀洒 1 次药水。洒完后不必再翻动营养土，而是在土面覆盖塑料薄膜后闷 1 周左右，达到充分杀菌、杀虫目的，然后摊开散发药气后使用。

2. 育苗容器的选择　育苗容器的种类很多，有塑料钵、纸钵、草钵、营养坨（泥钵）、地膜袋等。北方生产上常用的有塑料钵、营养土块和营养坨、营养纸袋育苗。

（1）塑料钵育苗　是目前最常用的育苗方法。一般选用 8 厘米 × 8 厘米的塑料钵，能有效地保护根系。除此之外，此法育苗的最大优点：一是省时省工。塑料钵在商店里能购买到，不用手工做，装土方便快捷，移栽时起苗容易。二是方便。塑料钵可随时取出和放入，可将未出苗的钵取出补种，方便苗床管理。三是可以长距离运输，有利于专业化育苗。四是价格不高，且能多次使用（一般可使用 5～8 年）。育苗时将配制好的营养土装入钵中，然后整齐排放在苗床内。

（2）营养土块和营养坨育苗　营养土块育苗方法简便易行，省工省料。制造土块的技术要点是用培养土垫苗床,稍压实后浇透水,趁水渗完时用薄板刀按所需大小(10 厘米 × 10 厘米或 12 厘米 × 12 厘米)切割床土,呈方格状。土块也可用特制的机械制钵器压制成营养坨,然后摆放在苗床里。

(3)营养纸钵育苗　用营养纸钵育苗,具有较好的护根效果,起苗运输时不易松动根系。营养纸钵的做法是先裁好报纸,然后用专门制作的模具,滚卷成直径 8 厘米、高 10 厘米的纸筒。也可用烟筒等作为模具。往模具内加入营养土,将报纸卷在模具外,然后抽出模具,则营养土进入报纸筒内,形成营养纸钵。

(三)种子处理

1. 选种　饱满种子有利于出苗整齐,幼苗茁壮,能促进植株生长,是高产的基础。播种前应进行选种,最好粒选,除去秕籽、杂籽和畸形粒。要求籽粒大小均匀、纯正饱满、无霉变、无残破,陈种子还应事先测定发芽率以准确掌握播种量,避免播量不足缺株断垄,或播种量过大浪费种子。

2. 晒种　播种前晒种,一方面具有表面杀菌作用,另一方面可增强种子活力,提高种子发芽率和发芽整齐度。晒种时将种子摊放在报纸或草席上,厚度约 0.5 厘米,在中午阳光下暴晒 2 天,期间翻动多次,使种子受光均匀,以提高发芽率。

3. 温汤浸种　一般用55℃的水(由 2 份开水加 1 份凉水对成)。将种子倒入水中,顺着一个方向不停地搅动 10 分钟,然后自然冷却后浸泡 6 小时左右。也可把充分晒干的西瓜种子投入温度为 75℃ ~ 85℃的热水中并搅拌,烫种 3 ~ 5 秒钟后加入凉水,使水温下降到 55℃,在此水温下浸种 10 分钟,之后加入凉水,转为温水浸种。

4. 药剂消毒　种子还可以用化学药剂溶液浸泡消毒。经浸种处理的种子在 500 倍液的多菌灵或甲基托布津、0.1%高锰酸钾或40%甲醛溶液中浸泡30分钟,可以消灭种子表面的大部分病菌;还可用1000倍高锰酸钾液浸种30分钟,或用10%磷酸三钠溶液浸15分钟消毒以便控制瓜类病毒病。浸种后应多次用清水冲洗,去掉种皮上多余的药液,然后再进行温水浸种。

5. 温水浸种　一般水温在20℃~30℃,浸泡6~8小时。经过浸泡处理的种子,应加以搓洗,除去表面黏附的物质,以利于透气和种子发芽,再进行催芽或播种。

(四)催　芽

1. 催芽方法

(1)恒温箱催芽　应用恒温箱催芽稳定可靠,出芽整齐。有条件的生产单位、农户以及医院都有该设备。催芽时一般将温度控制装置调到28℃~30℃。打开开关通电加热,将种子用湿纱布或毛巾包好,甩干多余水分,然后将毛巾平铺在盘上,把种子包摊到布上放入盘中,上面再盖1~2层湿毛巾,将盘放入箱架上,进行恒温催芽。一般24小时后开始出芽,2~3天即可基本出齐。

(2)电热褥催芽　将电热褥平铺床上,褥上再铺一层农膜隔湿,将催芽的种子包甩干水后放在膜内盘中催芽,上面盖棉被保温。这种方法技术简单,使用起来十分方便。为了防止催芽温度过高,可在种子包中间放一个温度计经常观察。温度达到需要时可及时关掉电源。待温度明显降低时再及时打开电源,或者在电热褥上加放被褥等物使温度恒定在30℃左右。有条件的用户可在电热褥上接一个控温仪,进行自动控制。

(3)简易电热恒温箱催芽　如果无电热恒温箱,也可自制简易温箱进行催芽。自制温箱的方法是:取完整的纸箱或木箱1个,根据需要,热源可采用25瓦、40瓦或60瓦的白炽灯泡,箱外可用被褥、麻袋等包裹,起保温作用。催芽的温度通常保持30℃左右。如果箱外气温高,只开25瓦的灯泡即可;如果气温低,则要开大灯泡或几个灯泡。接通电源,将电线由纸箱上部引入,使灯泡吊在纸箱正中。然后将放有种子包的盘子放在灯泡下,通过调整盘子的高度,使其放置于温度在30℃左右的地方。盖好纸箱保温催芽。要将温度计放入箱中放盘子的位置,随时观察记录温度的变化,使箱内温度不要超过32℃。若温度太高,则要及时通风或减少覆盖物,并且每天要结合观察温度打开箱体通风3~4次。

(4)火炕催芽　催芽的方法和电热褥相同。就是在热炕上铺一层塑料薄膜,在薄膜上再铺一层湿布,然后将浸过的西瓜种子和一支管式温度计用湿布包好,摊放在湿布上,上面再覆盖一层塑料膜,用被褥等物盖好。每隔一段时间观察一下温度计,催芽温度保持在30℃左右。如温度低时应烧火加温,温度高时可根据种子包温度高低挪动其在炕头或炕尾的位置,尤其是夜间应特别注意观察温度的变化情况。

(5)暖水瓶催芽　当需要催芽的种子量较少时可采用此法催芽(包好的种子能在瓶口处放入)。将浸好的种子用湿布包好,事先调配好35℃的温水,取一保温性能好的暖水瓶,瓶内加入一半温水,将种子包用绳捆好吊入暖水瓶中,距水面5厘米,将绳另一端固定在暖瓶手把上,盖好瓶塞进行催芽。瓶中温水一般1天换2~4次,并且每天要将种子淘洗4次左右,以利于通风换气,24~36小时后即可开始出芽。

此外,也可用孵化器催芽。另外还有人体催芽法,发酵厩肥、牛马粪发酵后的热量催芽法。但这些都不便操作、可控性差,目前已较少采用,本书不再详述。

2. 催芽应注意的问题　①每包种子不要包得太多。太多发芽慢、出芽不整齐,且不透气,易烂芽。②湿度不要过高,注意通气以加速萌发。催芽时每天要将种子及时淘洗3~4次。一方面是使种子通风透气,另一方面是使种子保持一定的湿度,避免种子过干。淘洗后种子上的水分也应沥干。③若催芽时无温度调控设备,则应及时观察温度变化并做出相应的调整。催芽温度应保持在28℃~30℃,在这一范围内温度越高出芽越快,但不能超过35℃。④多数种子胚根露出时(俗称"露白")即可播种,以芽(胚根)长3~5毫米为宜。胚根长度超过1厘米播种易损伤幼芽,会影响幼苗生长。若不能及时播种,应将"露白"种子放在15℃左右冷凉处抑制胚根生长。待种子基本出齐后再播种,或者将已发芽的种子先播。⑤当栽培用品种为无籽西瓜时,往往因种皮厚且坚硬,不易发芽。可在催芽前,先将种子在浸种后用牙嗑一下。待80%以上的种子出芽后即可播种。

(五)播　种

选晴暖天气上午播种。播种时苗床地温最好能在20℃以上、一般不低于16℃,以保证顺利出苗,缩短出苗时间。播种前先检查苗床湿度,最好用水泼浇一遍,以保证小苗前期不缺水。采用营养钵育苗的,不要从上往下浇,最好将水浇在苗床上,让水从营养钵底部的小孔渗入,直至营养钵上部的营养土也吸水饱和,然后停止浇水,1小时后再播种。应用这种方法时,若苗床面积大,浇水前在苗床中放置一些砖块等物,以便搭放木板利于播种。

播种多用点播法,每个营养钵点播1粒带芽的种子。当种子发芽率不高时,可以在钵中播1~2粒未出芽的种子。播种时一般不开穴,而是将种子直接平放在营养钵土面上,然后再盖土,将所盖的土抹平即可,不必压实。盖土要用预留的营养土。盖土的厚度依种子大小而定,一般为1~1.5厘米。种子大,覆土稍厚些。若播种过深,则出苗时间长,易烂种;播种过浅,虽然出苗快,但易出现"戴帽"出土现象。

覆土后及时在育苗钵上盖一层地膜,使上层营养土保持水分,以利于种子萌发。若户外温度低,则在播种后需要搭拱棚架,在小拱棚上盖较厚的塑料薄膜,必要时夜里覆盖草帘保温。

(六)苗期管理

1. 出苗前管理 播种后首先要用营养土将营养钵之间的缝隙填好,在床面上覆盖一层地膜,以保温、保湿。苗床上用竹竿等材料支架,严密覆盖塑料薄膜,扣成小拱棚,夜间盖草苫或麦秸。出苗前使地温保持在25℃以上,以27℃~30℃为最好。气温白天保持28℃~32℃,夜间20℃~25℃。在出苗前用电热线或火炕育苗的都要注意加温。火炕育苗时还要注意防止温度超过40℃而造成烧苗。当有50%幼苗顶土时,要及时揭掉地膜,并开始通风。

2. 苗期管理

(1)温度 当瓜苗基本出齐时,要及时通风降温。若此时温度过高,特别是夜间温度高,很容易形成高脚苗。幼苗破心后可适当提高温度,促进幼苗生长。定植前7~10天进行幼苗锻炼(即炼苗)。塑料薄膜等由小到大逐步揭开通风,使温度接近移栽环境的温度。苗期温度管理可参考表3-1执行。北方的一些省、自治区在秋、冬季经常出现寒流天气,为防止寒流对幼苗的危害,在遇到这种天气时一定要进行加温,火炕要点火,电热线要通电,并增加覆盖物的厚度。暖风炉更要适当延长燃烧时间,甚至在白天也要点燃。

表3-1 苗床温度管理指标 (℃)

项 目	播种至出苗	出苗至破心	破心至炼苗	炼 苗
白天气温	28~32	22~25	27~30	22~25
夜间气温	20~25	15~17	17~20	15~17
地 温	27~30	25~27	20~25	17~20

(2)光照 育苗时,光照条件的好坏可直接影响到育苗的质量。由于秋、冬季太阳光线弱、光照时间短,苗床普遍光照不足,致使幼苗茎细叶小、叶片发黄、容易徒长也容易感病,移栽后缓苗慢,

影响产量。为增加棚内光照,白天要及时揭开草苫等覆盖物,让幼苗接受阳光;晚间要适当晚盖草苫等,以延长幼苗见光时间。在育苗后期可将薄膜揭开,让幼苗接受阳光直射。揭膜应从小到大,当幼苗发生萎蔫、叶片下垂时,要及时盖上薄膜,待生长恢复后再慢慢揭开。连续阴天时,只要棚内温度能达到10℃以上,仍要坚持揭开草苫,使幼苗接受散射光。长期处于无光条件下的幼苗易黄化或徒长。气温特别低时可边揭边盖。久阴乍晴时,不透明覆盖物应分批揭去,使苗床形成花荫。也可随揭随盖。日光温室加暖风炉育苗时,连阴天后的第一个晴天,可先在幼苗叶片上喷水,再逐渐揭开草苫。

(3)肥水管理　在播种前浇足底水的情况下,出苗前苗床一般不再缺水。但出苗后幼苗生长逐渐加快,需水量大。而在电热温床或酿热温床上,水分蒸发量大,床土易失水干燥,因此应根据土壤水分情况及时补充水分。床内湿度较大时,可控制浇水。在瓜苗生长过程中,若发现缺肥现象,可结合浇水进行少量追肥。一般可用0.1%～0.2%尿素水浇苗,也可在叶面喷施0.2%磷酸二氢钾。通常情况下,只要育苗营养土是严格按照前文所介绍的方法配制,瓜苗不会发生缺肥现象。不过若育苗温床温度过低、湿度过大,会造成幼苗沤根而发生幼苗缺肥现象,应采取提温散湿的方法来处理,可在营养钵表面撒干土或干沙。

(4)中耕松土　苗床中耕可起到散发土壤水分、提高土壤温度的作用,并能使土壤疏松,促进根系生长。在齐苗及破心后应各划锄1次。另外,在每次浇水后也应划锄1次。划锄要深浅适当,防止伤根。湿度太大时,划锄前应撒施干土或草木灰。

(5)炼苗　幼苗一般在定植前1周开始炼苗。炼苗期间应加大苗床通风量,小拱棚上的塑料薄膜逐步由白天揭开、晚上盖上,一直到最后昼夜不再覆盖。炼苗期间不再浇水,以促进根系下扎,及时缓苗。炼苗期间若遇低温寒流天气时,仍要注意保温防寒。

寒流过后再继续进行炼苗。

二、嫁接育苗技术

利用抗病砧木进行嫁接可以提高西瓜对多种土壤传播病害的抗性,这是西瓜嫁接的主要目的。同时可缓解西瓜因连作重茬而造成的病虫害和生理性障碍,也可以在提高西瓜耐寒性、克服连作、提高产量、减少投资、节省肥料等方面起到很大的作用。通过嫁接栽培,可实现多年重茬栽培,这对于西瓜的规模化、产业化生产是必需的。

(一)选用适宜的砧木

选用砧木一般需要注意4点:一是与西瓜接穗品种的亲和力比较强;二是不影响西瓜的品质、外观、贮运性;三是抗病、耐低温和耐高湿的能力较强;四是下胚轴粗壮,便于嫁接操作。各种砧木的亲和性、抗病性、耐低温性都不相同,各有优缺点。

1. 瓠瓜砧

(1)优点　目前大棚早熟栽培多选用瓠瓜作砧木,它表现为亲和力强,成活率高。同时,瓠瓜抗枯萎病,而且对为害根部的根瘤、线虫、黄守瓜等有一定的抗性。另外,雌花出现得早,成熟也较早,对西瓜的品质风味无不良影响。

(2)缺点　瓠瓜自身容易遭受葫芦枯萎病的危害。可通过轮换使用不同的葫芦品种,来控制瓠瓜枯萎病的发生。瓠瓜砧嫁接的西瓜在土壤的理化性状不良或结果较多时容易发生叶枯病。该现象主要是由于瓠瓜根系对土壤中镁的吸收能力偏低,不能满足西瓜的需要所致。

2. 南瓜砧

(1)优点　南瓜作砧木植株在低温下生长旺盛,适宜冬季日光温室和早春大棚栽培的西瓜选用。这种砧木高抗枯萎病，同时对西瓜炭疽病和根结线虫也表现出明显的抗性。

(2)缺点　南瓜砧对有些西瓜品种、无籽西瓜表现不亲和性；有的南瓜砧与西瓜的嫁接苗共生亲和力差，常有一些植株生长出现异常，生产出的西瓜瓜瓤变硬、空心、粗糙；植株长势太旺，导致坐瓜困难。

3. 冬瓜砧

(1)优点　冬瓜砧嫁接西瓜能够避免或减轻西瓜枯萎病的危害，也能增强西瓜的生长势，并且不会引起嫁接西瓜徒长，对西瓜果实品质的不良影响也很少。但有时会引起瓜瓤变软以及出现羊膻气味。

(2)缺点　冬瓜砧的耐低温能力比较差，用作冬季及春季早熟西瓜嫁接用砧时，苗期生长比较缓慢，育苗期比较长，定植后发棵晚，结瓜也晚，故低温期栽培西瓜，不宜选择冬瓜砧。一般多用于夏季栽培的西瓜嫁接。

生产上常用的砧木有京欣砧一号、京欣砧二号、超丰 F_1、勇士、新土佐、圣砧二号、FR 不死鸟、圣奥力克等。

(二)接穗培育

育苗在日光温室或塑料大棚进行，营养土配制和种子的处理方法与上文相同。接穗一般不用营养钵育苗，而是采用密集撒播法直接将种子播于苗床。用营养土做畦，畦面要平整，播种前浇透水，播种时种子间距 2 厘米左右，种子平放，覆盖营养土 1 厘米左右，最后覆盖地膜。由于播种量大，覆土不均匀，容易出现“戴帽出土”现象，因此出苗后要及时去掉种壳。出苗后的管理同上文。

(三)砧木培育

1. 砧木播种期　砧木和接穗由于其子叶大小、根系多少的不同，生长速度、茎干粗度也各不同，因此如何使二者的适宜嫁接时期相遇，是保证嫁接成功的重要一环。通常是通过调整砧木种子和接穗种子的播种期来实现的。

(1)南瓜作砧木　采用插接时，南瓜砧播种 2～3 天后再播西瓜；采用劈接时，西瓜播种 5 天后再播南瓜砧木种子；采用靠接法时，西瓜播种 7～8 天后再播南瓜砧木种子。

(2)瓠瓜作砧木　采用插接时，瓠瓜砧播种 7～8 天后再播西瓜；采用劈接时，西瓜播种 3～4 天后再播瓠瓜砧木种子；采用靠接法时，西瓜播种 4～5 天后再播瓠瓜砧木种子。

2. 浸种催芽　通常南瓜种子在室温下浸种 2～4 小时，在 25℃～28℃条件下催芽，当胚根长 3～4 毫米时播种。瓠瓜种子常温浸泡 48 小时，在 25℃～28℃条件下催芽。瓠瓜种子萌发较慢，出苗参差不齐，发芽势和发芽率均较低，因此最好进行人工破壳，方法是在瓠瓜种子浸种后种壳变软时，用钳子或人工将种喙嗑开一道小缝进行催芽。待种子“露白”(芽长 0.2～0.5 厘米)后播种。

3. 播种　砧木根系发达，一般采用 10 厘米×10 厘米营养钵育苗。一般在营养钵中点播，每钵 1 粒种子。砧木种子较大，覆土厚度应相应增加(一般 1.5 厘米厚)，覆土后用地膜将西瓜和砧木苗床覆盖严实，保湿保温。其他管理同西瓜接穗苗。砧木嫁接前 1～2 天应控制浇水，以避免嫁接时胚轴劈裂而降低成活率。

西瓜嫁接后切口愈合较慢，要一定的缓苗时间。一般嫁接后 10 天左右才能恢复正常生长，并且嫁接西瓜苗长势较旺，西瓜生育期有所推迟，故应根据各地的气候条件、日光温室保温性能，以及确定的采收期提前播砧木种子和接穗种子，以便提前嫁接。

4. 砧木苗期管理

(1)温度　砧木育苗床温度管理：出苗期保持苗床高温，促使及时发芽出苗。适宜的温度范围为白天 30℃左右、夜间保持 15℃以上。出苗后冬瓜砧保持苗床内较高的温度，促瓜苗生长，白天适宜温度25℃～30℃、夜间温度18℃左右；瓠瓜砧较冬瓜砧的耐低温能力强，在较高的温度下容易发生徒长，应适当降低温度，防止瓜苗生长过快，白天适宜温度25℃左右、夜间15℃左右；南瓜砧耐低温能力强于瓠瓜砧和冬瓜砧，在高温条件下瓜苗生长较旺，极易发生徒长，要对苗床进行低温管理，白天适宜温度22℃～25℃、夜间适宜温度12℃左右。

(2)浇水　浇足底水后出苗期一般不再浇水。出苗后苗床土不干不浇水，苗床干燥时可少量浇水，使地面保持半干半湿。浇水后要加强苗床的通风管理，降低地面和空气湿度，避免苗床长时间湿度过高引发病害。

(3)光照　瓜苗出土后白天及时揭掉草苫、附加薄膜等保温覆盖物，保持苗床充足的光照。防止瓜苗见光不足引起苗茎过细过弱。如果遭遇连阴天，要用日光灯或普通灯泡对苗床进行人工补充光照，每天补光10小时以上。

(4)防病　苗床揭掉地膜后用1 000倍高锰酸钾溶液喷洒。

(四)嫁接方法

1. 嫁接场所与工具准备　嫁接场所要靠近育苗苗床。场所空间湿度要大，可事先喷水。场所要注意保温、背风，还要操作方便，最好在温室内进行。嫁接所用工具主要有竹签(粗度与接穗下胚轴接近，削成楔形，断面半圆形，先端渐尖，长20厘米左右，将尖端削薄削尖，用砂纸打磨光滑)、刀片、酒精、药棉(用于擦拭刀片和竹签)、嫁接夹。

2. 插接　又称顶插接。是目前西瓜嫁接育苗中使用最广泛的一种嫁接方法。一般要求砧木苗第一片真叶、接穗的子叶展开时为嫁接的适期。

(1)取苗　将砧木苗连同育苗钵一起从苗床中搬出。西瓜苗要连根带土从苗床中起出，起苗后把苗放入脸盆内，上盖消过毒的湿布、塑料薄膜等保湿材料，以减少接穗水分的散失。

为使起出的瓜苗表面干净，不带泥水，起苗前一天要结合浇水再用含有多菌灵或百菌清的药液漂洗一遍，把苗茎上的泥土冲洗掉。嫁接当日也要在苗茎上的露水消失后再进行起苗。

(2)砧木去心、插孔　嫁接操作时，先用左手的拇指和食指从子叶基部握住砧木苗的茎，用竹签挑去砧木苗的真叶和生长点。然后在砧木苗一侧子叶中脉与生长点交界处与水平面呈45°左右夹角，向另一子叶的下方斜插一孔，插孔长1厘米左右，深度以竹签先端不划破外表皮、握茎手指略感到插签为止。若用力过大，竹签穿过表皮，则接穗插入后尖端外露部分易发自生根，定植后接触土壤，失去嫁接意义。插好孔后竹签留在苗茎内不要拔出，以利于保湿。

(3)削切西瓜苗　嫁接时，取出1株，用左手拇指与中指轻轻地将两片子叶合拢捏紧，食指顶住下胚轴，右手用刀片从西瓜子叶下约1厘米处入刀削成斜面，斜面长0.7～1厘米，翻过苗茎，再从背面斜削一刀，把苗茎削成双斜面形，切面一定要平滑，要求接穗所削的楔形与砧木插孔的大小和长短一致。

(4)插接　西瓜苗穗削好后用左手拿砧木，右手取出竹签，把西瓜苗茎切面朝下插入砧木苗茎的插孔内。西瓜苗茎要插到砧木苗茎插孔的尽底部，使砧木与接穗紧密结合，注意切面不要露在砧木外，砧木子叶要与接穗的子叶呈“十”字形，最后用嫁接夹固定(图3-1)。

3. 劈　接

(1)嫁接适期、起苗、接穗削切　与插接法相同。

(2)砧木去心、切接口　嫁接操作时，先用左手的拇指和食指从子叶基部握住砧木苗的茎，用竹签挑去砧木苗的真叶和生长点。然后一手轻轻捏住两片子叶的基部，另一手持刀片在两片子叶之间用刀片从苗茎的一侧向下劈切一口，切口长1～1.2厘米。削切

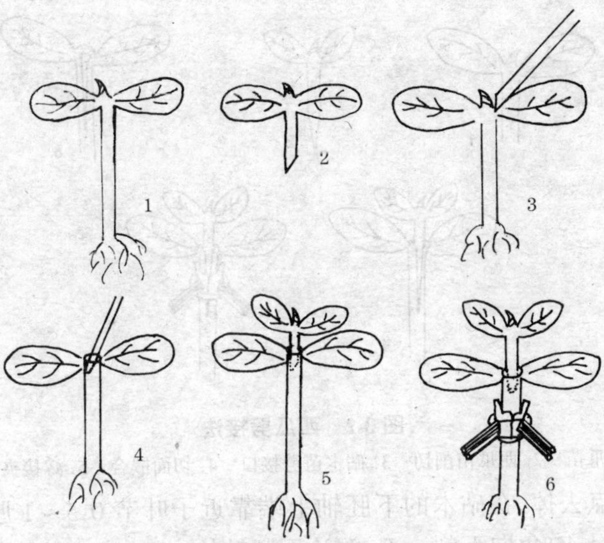

图 3-1　西瓜插接法

1. 西瓜苗　2. 西瓜苗削切　3. 砧木去心
4. 砧木插孔　5. 插接　6. 嫁接夹固定

面宽度与西瓜苗茎粗细相一致或稍比西瓜茎大一些。如果西瓜苗茎粗与砧木苗茎粗接近，可在砧木苗茎的中央劈口，即将整个砧木茎劈开；如果西瓜苗茎较细，不超过砧木粗细的一半，则在砧木苗茎的一侧劈口（半劈接）。

(3)插接　西瓜苗穗削好后用左手拿砧木，右手轻轻地把西瓜苗穗的切面插入接口内。西瓜苗茎要插到砧木苗茎切口的底部，使砧木与接穗紧密结合，注意切面不要露在砧木外。

(4)固定接口　西瓜苗穗插紧后，用一塑料嫁接夹把接合部位夹住，或者用塑料胶布绕苗茎缠绕 1 周，把接合部位固定（图 3-2）。

劈接法的优点是伤口愈合好，成活率高，以后生长发育也好；缺点是嫁接效率低，从嫁接到成活的管理较费事。

4. 靠接　嫁接时取出大小适宜的砧木苗与接穗苗，先将砧木

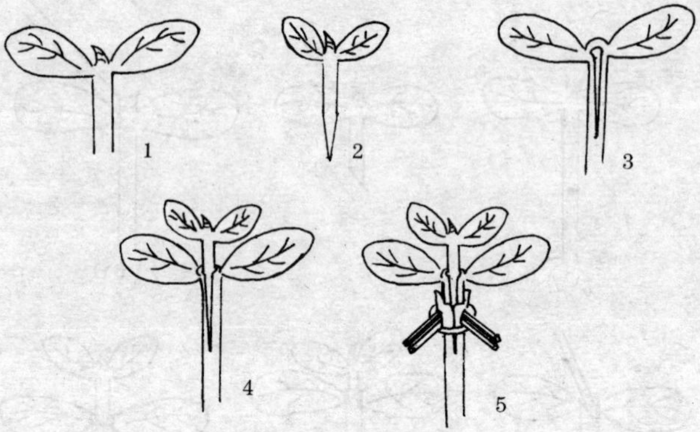

图 3-2　西瓜劈接法

1. 西瓜苗　2. 西瓜苗削切　3. 砧木苗劈接口　4. 切面嵌合　5. 嫁接夹固定

苗生长点去掉，在砧木的下胚轴上端靠近子叶节 0.5～1 厘米处，用刀片呈 45°角向下削一刀，深达下胚轴的 1/3～1/2，长约 1 厘米。然后在接穗苗的相应部位呈 45°角向上斜削一刀，深达胚轴 1/2～2/3，长度与砧木接口相同。左手拿砧木，右手拿接穗，自上而下把两舌状切口相吻合（互插），用嫁接夹或塑料膜带捆扎，使切面密切结合。

嫁接后将砧木与接穗连根一起栽植到营养钵中，砧木与接穗根基部相距 1 厘米，以便成活后切除接穗嫁接部位以下的胚轴。栽苗时，接口处应高出土面约 3 厘米，避免接穗接触土壤发生自生根。7～10 天成活后切断接穗嫁接部位下胚轴。10～15 天后应及时解除捆扎物。

采用靠接法时，砧木与接穗苗大小应相近。接穗不能过小，否则操作困难，嫁接后长短不一致，不好栽植。靠接的优点是苗期管理非常简单。其缺点是嫁接操作较复杂，操作时往往把砧木或接穗的茎切断，接穗与砧木利用率低；嫁接后在运输及移栽过程中容易造成错位，接合面也容易脱离。因此，目前生产上较少采用此法。

(五)嫁接苗管理

嫁接后的成活率高低除与嫁接方法等有关外,嫁接后科学管理也非常重要。管理及时而得当,则成活率高,否则成活率低。嫁接后管理包括苗床处理,苗床温湿度的控制,光照、通风管理等。

1. 苗床处理　嫁接苗栽植苗床应先浇足水,扣好小拱棚,随嫁接随时将嫁接苗立即栽入小拱棚中,盖好塑料薄膜。苗床摆满后用多菌灵或百菌清液喷雾消毒,同时也可增加苗床内空气湿度,防止嫁接苗萎蔫。喷雾时切记不可向嫁接苗上直接喷水,而要将喷头朝上,以防水流入接口内,引起接口部发病。最后把薄膜盖严,周围用土压严,保持密闭的环境。

2. 温度管理　一般嫁接后伤口的愈合需要较高的温度,夜间温度也要求较高,苗床白天保持在 25℃ ~ 28℃(不超过 30℃),夜间不低于 20℃。每天注意检查和调整,若温度低会影响愈合和幼苗的成活,温度高接穗易发生萎蔫。嫁接后 4 ~ 6 天,当伤口逐渐愈合,夜温可适当降低(保持在 18℃ ~ 20℃),白天 22℃ ~ 28℃。1 周后,嫁接苗基本成活,可放宽温度管理,白天温度 25℃ ~ 32℃,夜间温度 12℃ ~ 18℃。夜间温度不宜太高,否则易徒长。10 天后嫁接苗完全成活,适当降低温度,加大昼夜温差,培育壮苗。适宜温度为白天 25℃ ~ 30℃,夜间 12℃ ~ 15℃

3. 湿度控制　湿度管理是保证嫁接苗成活的关键之一。把接穗水分蒸发量减少到最低程度,是提高嫁接苗成活率的决定因素。为保持湿度,栽植前要将苗床浇透水,嫁接后 1 ~ 3 天密封小拱棚,使棚内湿度达到 90% 以上,较高的湿度可防止接穗因失水而凋萎。湿度不够可用喷雾器喷水,但要注意喷头的水滴不要滴到接穗上,最好是往苗床上洒水以增加湿度。嫁接后 4 ~ 7 天进入融合期,这时既要防止接穗萎蔫,又要逐渐降低湿度(湿度应保持在 80% ~ 90%),可在清晨、傍晚湿度较高时通风排湿,并逐渐增加通风时间和通风量，降低苗床湿度。适宜的通风时间和通风量是通风后嫁接苗不发生萎蔫。7天后湿度保持在80%左右。

在苗床进行通风后营养土容易失水变干，应及时浇水，使营养土保持湿润。苗钵浇水最好采用逐钵点浇水法，把土浇透又不弄湿瓜苗。低温期于晴天中午前后浇水，高温期于上午10时前浇水。成活后的湿度可保持在65%~75%。

4. 苗床光照 嫁接苗是否成活还与见光程度有密切的关系。因此，嫁接后苗床要适当接受光照，以保证嫁接苗的光合作用需要。但光照过强、温度过高时易使接穗凋萎。因此在温度过高时可采取遮光措施，一般在嫁接后前3天要对苗床进行遮荫，避免太阳光直射到瓜苗上引起萎蔫，但应在早晚让幼苗接受一定的散射光，以避免幼苗发生黄化。从第四天开始可在光照比较弱的早上和下午逐渐增加见光时间，光照时间的长短以接穗子叶不发生萎蔫为准。7~8天后若中午瓜苗不发生萎蔫时可不再遮光，10天后对嫁接苗进行正常管理。

5. 通风 培育健壮的嫁接苗，结合温度、光照、湿度等管理，加强通风管理，降低苗床湿度，减少发病。嫁接5~7天后嫁接苗开始生长时，可进行通风。开始通风时，通风口和通风量要小，可在背风的一侧，将薄膜揭开几个小洞即可，不要在迎风口通风。通风应在温度较高的10~14时进行，以后逐渐加大通风量，9~10天后可大通风。

6. 除萌和抹根 砧木虽然在嫁接时摘除了生长点，但在子叶节处仍可萌发侧芽，这些侧芽生长较快，与西瓜苗争夺营养，抑制西瓜接穗的正常生长，常影响嫁接苗成活，因此要及时抹掉。操作要小心，以免损伤接穗子叶和碰掉已经愈合的接穗。接穗上长出的不定根也要及时抹掉，避免扎入土中，从而抑制砧木根系的正常生长，并使嫁接失去意义。

7. 断根 若是采用靠接法，切不可将接穗苗带根移栽。应在接口完全愈合后(嫁接后 10～13 天)从接口下 0.5～1 厘米处将西瓜苗的茎剪断或用刀片切断,并将下胚轴拔除。断根后如遇晴天高温或者接穗发生萎蔫,应适当遮荫、降温和喷水。

8. 去嫁接夹　嫁接后缓苗 10 天左右,接口逐渐愈合,接穗开始长出新叶,说明嫁接苗已经成活,应及时去掉嫁接夹子、塑料膜条等捆扎物,以免影响嫁接苗的生长与发育。撤夹不宜过早,否则接口生长加速,易胀裂,移动幼苗或定植时接穗易脱落;也不可过晚,以免接口处茎膨大而影响植株生长。

9. 防治苗期病害　西瓜嫁接苗处于高温、多湿与遮光条件下,病菌容易从接口处侵染,苗期应及时用药剂预防。嫁接前可用代森锰锌 500 倍液,百菌清、多菌灵 800～1 000 倍液喷雾;嫁接 1 周后再定期喷药 1～2 次,即可以控制发病。

10. 定植前炼苗　要把育苗钵移动位置,适当断根,加大通风量,逐渐过渡到白天完全揭开薄膜通风,夜间盖上,最后小拱棚昼夜不盖,使瓜苗逐渐适应定植后日光温室内的环境。

(六)嫁接应注意的问题

嫁接的许多环节都很重要,除以上介绍的关键技术外,主要有以下几点:一是要选择晴暖天气嫁接。冬、春嫁接时,低温严重影响成活率,嫁接时避开阴雨低温天气,而选择晴朗温暖天气有利于成活。二是接口的大小要适宜。无论采用哪一种嫁接方法,砧木与接穗的刀口接触面(即愈合面)都不应小于 1 厘米长,一般为 1～1.5 厘米,愈合面大较易成活,但切口也不宜过大。三是掌握竹签扎孔的深度和劈接的劈开深度。插接时注意使竹签刚达到砧木下轴另一侧的皮层,手指能感觉到竹签即可,不要扎破皮层;劈接时不要将下胚轴完全劈开,否则塑料夹难以将接口夹牢,而且砧木子叶易向两边张开。四是注意保护幼苗。要保证嫁接伤口清洁,防止寄生菌及其他病菌侵染。五是及时栽植。随嫁接将嫁接苗摆放在苗床内,不可将嫁接苗放置到通风处或阳光下,否则很容易造成接穗失水而发生萎蔫,降低成活率。六是砧木品种要经常轮换使用,不得长期使用同一个品种。长期使用同一个砧木品种,容易引发砧木枯萎病和砧木生理病害。七是要做砧木与西瓜品种的配对试验。不同砧木接穗组合的西瓜品质往往有所差异,应先做配对试验,选组配效果最好的组合进行生产。另外,西瓜不同嫁接组合的嫁接亲和力的稳定性也有所不同。嫁接亲和力差的组合,在植株进入结瓜期后容易发生接穗脱落现象(急性枯萎现象),造成植株死亡,该现象以瓠瓜砧表现得最为严重,应当引起重视。

(七)嫁接栽培的关键技术

1. 定植 西瓜嫁接后有 10 天左右的愈合期,从而延长了苗龄。为了防止砧木根系的老化影响成活和前期生长,嫁接苗应适时早定植。一般以苗龄不超过 35 天、2~3 片真叶时定植为宜。定植不能过深,过深会使接口接触土壤而产生不定根,或者植株感染枯萎病而使嫁接失去意义;如已发生不定根,则应及时抹除。

2. 定植密度 西瓜嫁接后由于砧木根系强健,吸收能力强,长势旺,分枝能力增强。因此,种植密度应比自根苗稀:露地栽培每 667 平方米 300~400 株;小拱棚双膜覆盖栽培每 667 平方米 400~500 株;日光温室每 667 平方米 800~1 000 株。

3. 整枝调整 一般嫁接苗露地栽培多采用二蔓整枝,应适时提早摘除部分侧枝,保留 3~4 条健壮侧蔓,一般坐果后不再整枝;保护地栽培多采用二蔓整枝,日光温室栽培在西瓜开始膨大时应及时摘心,并去除侧蔓。嫁接苗在理蔓时,不能用土压蔓。因压土后易生不定根,会增加感染枯萎病的机会。应尽量避免瓜蔓与土壤直接接触。

4. 适度施肥,控制生长 嫁接西瓜的生长势普遍强于普通西瓜,较普通西瓜容易发生徒长,特别是结瓜前一定要防止植株徒长。徒长植株一般表现为结瓜晚、瓜大,但果实的肩部突出,瓜形不正,容易形成扁平形瓜。防止嫁接西瓜发生徒长,关键是减少氮肥和水的供应量。应根据砧木种类适度减少施肥量,促其提早坐瓜。施肥总量瓠瓜砧一般可减少 20% ~ 30%,南瓜砧可减少 30% ~ 40%;同时根据生长势和坐果情况,适量追肥。

5. 适当晚留瓜　嫁接西瓜的茎叶生长旺盛,对生殖生长的抑制作用明显,特别是对低节位雌花的发育影响较大,容易导致雌花分化不良,将来往往会出现果实畸形、皮厚、空心。因此嫁接西瓜应适当晚留瓜,在高节位上选发育良好雌花结瓜,一般以 15 ~ 20 节位坐果为宜。如出现长势弱、节间短、叶型小的植株,坐果节位可高一些;反之则应控制低一些。

三、工厂化育苗

工厂化育苗又称快速育苗。这是运用一定的设备条件,人为地控制催芽出苗、幼苗绿化等育苗环境,在短时间内迅速培育出高质量适龄壮苗的育苗方法。其较普通育苗法提高了幼苗素质,表现为幼苗健壮、缓苗迅速、提早成熟、增产增收。最适宜乡、村为单位或西瓜种植专业户育苗使用。

(一)主要设施

1. 育苗设施　工厂化育苗采用设施配套、电热加温自动调控培育壮苗。首先,专供种子催芽的催芽室要求有良好的保温保湿性能,主要设备有育苗盘架、育苗盘和加热装置。育苗盘架可用 2 ~ 2.5 厘米角铁制成,大小与催芽室配套,一般高 1.8 米、长 62 厘米、宽 42 厘米,分 10 层;育苗盘则应与育苗架配套,多为 30 厘米 × 20 厘米 × 3 厘米;加热装置多用电热线加温,布线同电热温床育苗。

2. 绿化室 应具有良好的透光保温性能。当西瓜幼芽弯脖顶土达 50% ~ 60% 时，即应将育苗盘迅速移至绿化室，以利于培育壮苗。每平方米可供 667 平方米左右瓜田用苗。

3. 分苗室 西瓜幼苗在绿化室中长到破心时，应及时移栽到营养钵并转移至分苗室。分苗室是将经过绿化后的幼苗进行再培育的设施，多采用塑料大棚进行。分苗室要求采光良好，温光均匀，一般以每棚 334 平方米为宜。每棚可培育瓜苗 2 万 ~ 2.5 万株，可供 13 340 平方米左右的瓜田使用。

4. 其他设施 除此之外，工厂化基质育苗还有基质搅拌机、大棚、灯光、穴盘和苗箱，有条件的还可配置自动播种流水线、喷淋系统和大棚补湿、滴灌、加温或降温系统。

(二)基　质

西瓜苗期根系发生迟，须根量少且又怕渍，要求育苗基质具有保水、持肥、吸热和透气性能。常用的育苗基质有泥炭、珍珠岩、蛭石、蘑菇渣等。配方为：草炭、珍珠岩、蛭石的比例为 3:1:1，或泥炭、珍珠岩比例为 7:3，或蘑菇渣、泥炭比例为 3:1。

国产基质消毒方法为每立方米加 200 克百菌清或采用 800 ~ 1 000 倍液的甲基托布津每立方米喷雾 40 ~ 60 升。配制基质时每立方米加入优质的 15:15:15 的氮、磷、钾三元复合肥 1 ~ 1.2 千克，或采用西瓜营养液专用配方加总量为 1.2 千克左右的化学肥料。肥料用水完全溶解后与基质混合均匀，必要时用工业碳酸钙调节 pH 值。

用 40% 甲醛 100 倍液熏闷 2 天消毒，敞开通风 2 天后即可装盘。西瓜育苗宜选择 50 孔或 72 孔穴盘，穴盘规格 54 厘米 × 27 厘米 × 5.5 厘米。装料时剔除结块基质，育苗基质装至穴钵 3/4 为宜，并振实。

(三)播　种

1. 播前处理

(1)晒种与选种　播前做好晒种工作，也可在35℃恒温通风烘种48小时。人工选种，并做好种子发芽率试验。根据种子发芽率增加5%～10%来确定预订商品苗用种量。

(2)灭菌与浸种　有条件、有经验的或采用播种机的可用高温70℃、72小时干燥灭菌。一般将种子进行55℃温汤浸种或40%甲醛100倍液消毒15分钟，清洗后用温水(25℃左右)浸种6小时左右。

(3)催芽　将种子用洁净半湿纱布或毛巾包裹后置30℃～32℃恒温箱内催芽，每日早晚清洗种子2次。挑出露白种子待播。一般新种子催芽16小时左右露白。如种子破口正遇晚上，应经常检查。或及时调低催芽温度至25℃，以免催成豆芽苗，降低瓜苗质量。

2. 播种方法　采用播种流水线的，不需浸种和播前催芽，直接进行干籽播种。人工播种时，播种前1天润湿基质，将种子平放于穴内，1穴1粒，上覆盖一层厚1.5厘米左右的蛭石。

(四)幼苗期管理

1. 快速育苗

(1)催芽室　将播种好的穴盘放入催芽室中，控制室温30℃～32℃，空气相对湿度90%左右，用喷淋系统保持培养基质湿润。用干籽播种，西瓜出苗一般需要3～4天；如用已催芽后的种子播种，出苗时间为2天。当西瓜幼芽弯脖顶土达50%～60%时，即应将育苗盘迅速移至绿化室，以利于培育壮苗。

(2)绿化室　应具有良好的透光保温性能。温度白天掌握在24℃～27℃，夜间18℃～20℃。阴、雨天温度降低3℃。穴盘中培养基质较少,应及时酌情喷水。子叶充分展开时绿化结束。西瓜苗春、秋季绿化一般需要 7 天。

2. 简易覆盖育苗

(1)早春育苗　早春采用电热线加温和多层覆盖育苗。将育苗盘、营养钵置于每平方米 80 ~ 100 瓦的电热线上,并在盘(钵)上覆盖一层新地膜,出苗前高温(30℃ ~ 35℃)、高湿(相对湿度 95%)促使西瓜出苗。待瓜苗 50% 出土时揭除盘(钵)地膜,逐步降低温度(白天 23℃ ~ 28℃、夜间 16℃ ~ 20℃),以抑制下胚轴伸长。

(2)秋延后育苗　秋延后采用防虫网、遮阳网覆盖的避雨棚短龄育苗方式。防虫网要求 40 目以上,遮阳网透光率为 50% ~ 90%。避雨棚一般裙膜揭开,大风、台风等恶劣天气封闭裙膜。出苗前用喷淋系统降温和补湿,出苗后增加光照强度和延长日照时数,控制浇水量。

3. 苗期管理　西瓜第一真叶展开后白天升温至 28℃ ~ 30℃,用无土栽培营养专用肥(pH 5.5 ~ 6.5、EC 0.8 ~ 1.2)每隔 7 天浇 1 次。秋季及时用根病净 500 倍液灌根 1 次,防止枯萎病的发生。春季每平方米安装 60 瓦白炽灯进行补光 16 小时,每增加 1 片真叶,缩短 1 小时补光时间,促进雌花形成和分化。瓜苗长至 2 叶 1 心时,用植物营养宝 500 倍液或植物动力 2 000 倍液叶面喷施 1 次,提高瓜苗素质。起苗前 7 天降温(白天 20℃、夜间 15℃)或去除遮阳网,控肥控水,进行炼苗,并用多抗灵 100 ~ 200 倍液、吡虫啉 4 000 倍液防病和治蚜 1 次。

(五)起　苗

工厂化育苗一般时间比较短,春季为 4 叶 1 心大苗,苗龄为 30 ~ 35 天;秋季为 2 叶 1 心小苗,苗龄为 15 天左右。起苗前 1 天用清水浇透营养块,起苗时用专用起苗器或竹片轻轻起苗,不可拔苗,以免伤根和散坨。起苗后及时按规格装箱,搬运时应小心轻放。

思考题

1. 育苗设施的种类和特点有哪些?

2. 简述电热温床的建造过程。

3. 为什么要进行种子消毒? 试举例说明西瓜种子消毒的主要方法。

4. 种子催芽主要有几种方法? 简述这几种方法的特点。

5. 西瓜苗期环境管理措施有哪些?

6. 西瓜的嫁接育苗方法和嫁接后主要管理措施有哪些?

第四章　西瓜保护地设施建造和日光温室的环境调控及新技术的应用

一、保护地设施建造

(一)节能日光温室的建造

1. 基础　这是温室建筑的关键所在。施工中应注意以下几点。

(1)选址　为保证温室的方位合理,定点一定要准确。先定点,后放线,再挖槽。要保证温室的四角呈直角,切不可倾斜。

(2)地基　地基土质要坚固,承载力要均匀。温室较长,如果地基不均匀,整个结构很可能会因为不均匀沉降而破坏。如果地基土质较差,要进行处理(如换土、夯实等),以保证地基均匀承载。

(3)深度　基础要有足够的埋置深度,尤其在北方地区,冬季冻土深度较大,基础若在冰冻层之内,很可能会产生冻胀破坏。所以基础一般应在冻土深度以下。如华北地区应有 0.8 ~ 1 米、西北地区为 1 ~ 1.2 米的埋深。

(4)材料　基础的材料一般是砖、毛石或混凝土。温室内经常灌水,水浸入地下也会影响基础。砖的耐水性较差,而毛石和混凝土的耐水性、抗冻性均较好。

2. 墙体　日光温室或简易加温温室的墙体有三面,即后墙和两端的山墙。根据材料不同,可分为土墙、砖墙、空心墙和填充墙等。

(1)土墙　即用长 4 ~ 5 米、宽 25 ~ 30 厘米、厚 5 厘米以上的 4 块木板,夹在墙体两侧,外加支撑,中间填土,边填边夯实。也可把土堆到墙的位置,用压路机或履带拖拉机压实,边压边堆土,至设计高度后按要求厚度切去多余的土。土墙造价低、保温好,只是防雨能力较差,长期雨水冲蚀会使之破坏。

(2)砖墙 一般厚度为370毫米或490毫米。这种墙坚固、耐久,但保温能力较差、造价较高。常在墙外侧堆土增加保温能力。

(3)空心墙、夹皮墙 空心墙是内外砌两层砖墙,中间留10~20厘米的空隙,通过此空心层增加墙体的保温能力;夹皮墙是将空心墙的中间填上保温材料,如珍珠岩、蛭石、炉渣、泡沫塑料等。在北京地区,夹皮砖墙以600~650毫米厚为佳,即内外均砌240毫米厚砖墙,中间留120~150毫米空隙填上保温材料,两层砖墙在顶部连接密封。

在建墙时,应把后墙顶部的外侧加高30~40厘米,这样可使温室的后墙与后屋面封闭严实,还可阻止后屋面上的秸秆向下滑落。这种方法建墙时,必须把后屋面顶上的草泥抹密实,以防雨水浸入秸秆和后墙,造成破坏。

温室两侧的山墙施工与后墙相同。山墙的弧度同温室前屋面,当有钢丝横越山墙时,为防止钢丝勒入墙内,山墙顶端放置木板或混凝土板来承受钢丝的压力。

3. 后屋面 在后屋面的施工中,首先埋中柱,中柱是整个后屋面的主要承重构件,必须坚固耐久。为防止中柱在使用中的下沉、歪斜,中柱下必须垫有基石或浇筑混凝土基础。为使中柱能很好地承受后屋面的水平推力,可稍向后倾斜,以4°~5°为限,切不可过大。中柱为木结构时柱与柁之间宜用榫槽连接,之后用钢丝或钉子固定;中柱为钢筋混凝土构件时,柱顶应预留1~2个直径1~2厘米的小孔,以便于连接柁或横梁。中柱周围的土要回填夯实。

柁为连接中柱与后墙的梁,其长度应比屋面的宽度大20~30厘米。后墙上安放柁的位置应开槽以防柁受力而滑动。柁的间距即为温室的开间。

脊檩支撑在柁的前端。脊檩的连接处应在柁的上面，端头与斜面对头相接，并用钉子固定，切忌前后搭接，否则搭接处很难固定塑料薄膜。

后屋面骨架的施工应注意以下两点：一是脊檩或横梁的顶端和山墙的最高点在一条直线上；二是后屋面骨架基本在一个平面上，如有不符应及时调整。

屋面骨架完工后再进行屋面层的施工。有条件的地方先在檩条或椽条上铺钉钢筋混凝土预制板或木板，之后再铺秸秆或其他保温材料。当没有屋面板时，先把秸秆捆成20厘米粗的捆，两捆一组，梢对梢上下摆放。上面一捆的根部要探出脊檩10～15厘米，下面一捆的根部触到后墙即可。捆与捆之间要挤紧，用绳或铁丝固定在檩条上。后尾摆严实后用麦秸或柴草把后屋面填平，再抹2厘米厚的草泥一层。接着把探出脊檩外的秸秆用木板拍齐拍绒。待第一道草泥晾干后，再抹同样厚度的第二道草泥，同时把拍绒的秸秆根部也覆上草泥。抹完草泥后覆盖塑料薄膜，把翻转过来包过脊檩顶部的塑料薄膜展放到后坡上，随后用草泥封压住，再把薄膜固定到前屋面上。然后加高后墙外侧及两侧山墙后部，并在后屋面上再覆盖一层20～30厘米厚的麦秸或碎草，用成捆的秸秆压在上面。在铺这层秸秆时，要在后坡的上部（中柱支撑的位置）横着放一捆秸秆，在秸秆和脊檩的低凹处填上碎草，沿纵向形成一道平直的走道，以供人们在上面操作之用。

温室的后屋面不用柁而是用椽条作骨架时，秸秆要沿温室的纵向顺放。其他方法同上。

4. 前屋面 是由立柱、横梁、拱杆、塑料薄膜、压膜线等组成。

根据温室形式不同，一般有1排立柱或2排立柱支撑前屋面的荷载。埋立柱时，先挖40～50厘米深的坑，坑底垫砖或铺石作为柱基，再埋立柱，埋好后将柱周围的土回填夯实，以保证立柱的坚固耐久。立柱的顶端应在一条水平线上。

在立柱的顶端向下 15 ~ 20 厘米处架设横梁,横梁与立柱通过榫槽或铆钉连接固定。立柱之间的横梁上按拱杆间距用铁丝固定小支柱(即吊柱)。

拱杆架设固定在立柱或小支柱上,上端插入脊檩上,下端插入温室前侧的土中 20 ~ 30 厘米深。拱杆上面要平滑,不能凹凸起伏。

薄膜的覆盖最好选在无风的晴天。日光温室一般用两幅薄膜,下部一幅宽 1 ~ 1.5 米,上部一幅稍宽。如宽度不够,可用两幅加热粘连在一起。在上膜时,先把薄膜卷成卷,上端固定在脊檩上,下端覆盖在前屋面上,最下侧卷上秸秆或竹竿拉紧埋入土中。温室两端的薄膜也要卷上秸秆或竹竿,越过山墙,拉紧后埋入土中。上下两幅薄膜拼接处,要求上幅压在下幅上,搭接长度 15 ~ 20 厘米。

压膜线上端固定在脊檩上,下端固定在地锚上。地锚为绑有铁丝或铁钩的砖头或石块等,砖头或石块埋入地下 30 ~ 40 厘米,铁丝或铁钩外露。压膜线在立柱和小支柱之间,把薄膜压成波浪形。

5. 保温覆盖　温室前屋面的夜间保温,目前最常用的是草帘或纸被。草帘一般由稻草或蒲草打成,长 7 ~ 8 米、宽 2 米、厚 4 ~ 5 厘米;纸被是由牛皮纸黏合而成,一般是 4 ~ 6 层牛皮纸。北方寒冷地区往往兼用纸被和草帘保温。

草帘或纸被的上头用绳子固定在脊檩上,白天用绳子拉起卷放到后屋面上,夜间放下覆盖整个前屋面。草帘要一直覆盖到温室前侧地面约半米处,以减少室内外的热传导。

6. 防寒沟与防寒裙　防寒沟设在温室的前侧,沟宽 30 厘米左右,深度与当地冻土深度一致(如华北地区为 80 ~ 100 厘米)。沟内填入杂草、秸秆、炉渣等保温材料,顶部覆盖 10 ~ 15 厘米厚的泥土，并盖上地膜，防雨水浸入。温室后墙外也可挖防寒沟。为了省工常采用后墙培土的办法来保温。

防寒裙是设在温室里面前坡下面的一条纵向塑料薄膜，一般宽1米、长与温室一致。上边与棚膜紧靠，下边埋入土中，可减少温室前部的散热。

7. 出入口 温室出入口的设置，既要便于操作管理，又要便于温室的保温。一般50～60米长的温室，只在两侧山墙上设出入口即可。出入口高1.5～2米、宽60厘米，门的内外吊上棉帘，门外建工作室，目的是减少人员出入时冷气对温室的影响，同时也可用于存放工具、人员休息等。

8. 通风口 温室的通风口有两种：一种是后墙上的通风口；另一种是前屋面塑料薄膜上的通风口。后墙上的通风口在砌墙时留出，一般间距3米左右、边长40～50厘米，冬季堵上，春天打开；前屋面的通风口可以是薄膜上开洞，另加一块薄膜覆盖，通风时打开，平时盖严。另外，比较简单的做法是在薄膜搭接处扒缝通风。

9. 各地日光温室的代表 西瓜是喜温作物，对日光温室的性能要求较高。目前冬、春西瓜生产多用的是第二代节能日光温室。各地典型温室有以下几种。

(1)辽沈Ⅰ型温室 采用室内无柱全镀锌两铰拱式钢平面桁架作为承重骨架，上弦为钢管，下弦、腹杆为钢筋，预制装配式施工。温室跨度6米、6.5米、7米、7.5米4种，脊高3.5米，后墙高2.5米，拱架下面用三道单片花梁横向拉结。屋脊处鹅顶状的突起既保证了施工方便（后坡承重板可放于上弦上），又保证了保温层在屋脊处的厚度。墙体具有承重、蓄热、隔热、保温的功能，做成多层异质复合墙体。通常是内、外均为240毫米厚黏土砖墙中间夹120～200毫米厚的聚苯乙烯泡沫塑料板（简称苯板），当温室跨度较小时，纬度较低的地区也可采用120毫米厚砖墙作外层墙。后坡为具有承重、保温、防水功能的永久性后坡，也采用苯板作隔热层(厚度为 120～200 毫米)(图 4-1)。

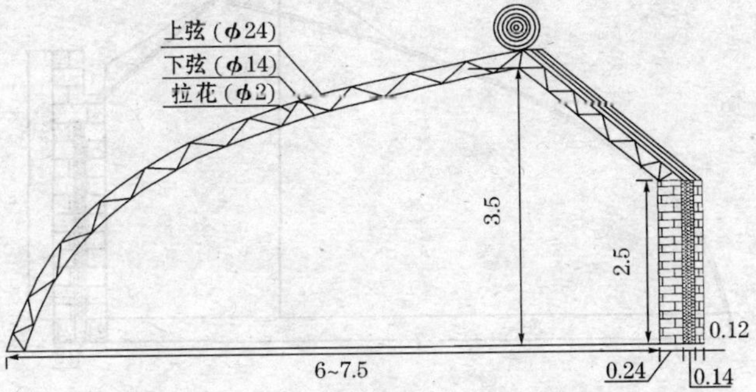

图 4-1　辽沈Ⅰ型日光温室　(单位:米)

(2)中国农业大学单管型日光温室　这种温室拱杆为热浸镀锌钢管,拱管下面用三道镀锌钢管梁横向拉结,预制装配式施工。温室跨度 7 米左右,中间无柱,脊高 3.5 米,后墙高 2.5 米。分析各种荷载作用下的拱管的应力分布曲线,设计出合理的拱管曲线。这种温室坚固耐久,采光好,便于保温和操作。经过优化设计,用材节省且造价低廉,适合于在华北、东北等地区推广。

(3)西北型节能日光温室　这种温室跨度 7 米,脊高 4 米,后坡水平投影长度 1.5 米;后墙为 48 厘米厚砖墙,内填 12 厘米厚聚苯板;骨架为钢筋桁架结构(图 4-2)。该温室结构性能优良,在严寒季节最低温度时室内外温差可达 25℃以上。在西北地区正常年份,温室内最低温度一般可在 10℃以上,10 厘米深地温可维持在 11℃以上,基本能满足西瓜冬季生产需要。

(4)熊岳第二代节能日光温室　这种温室是熊岳农业高等专科学校设计制造的一种无柱拱圆形结构的日光温室。这种温室跨度 7.5 米,脊高 3.5 米,后坡水平投影长度 1.5 米;后墙和山墙为 37 厘米厚砖墙,内加 12 厘米厚珍珠岩;后坡由 2 厘米厚木板、一层油毡、10 厘米厚聚苯板、细炉渣、3 厘米厚水泥及防水层构成;骨架为钢管和钢筋焊接成的桁架结构。该温室温光效应均优于第一代

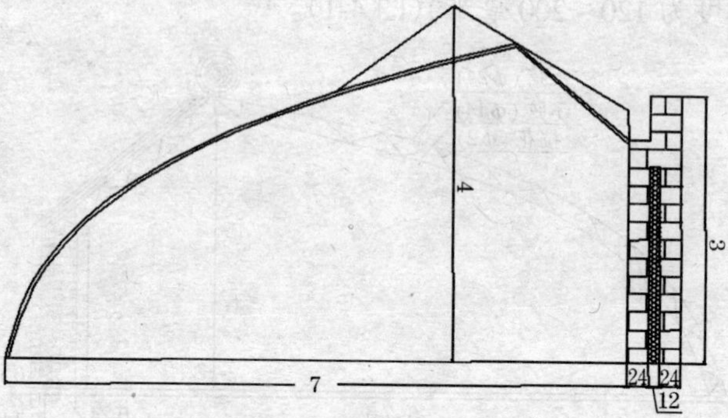

图 4-2 西北型节能日光温室 （单位：米）

节能日光温室，在室外最低温度为 - 22.5℃时，室内外温差可达32.5℃左右。在北纬 41°以南地区可周年进行西瓜生产，在北纬41°以北地区严寒季节和不良天气时进行辅助加温也可取得很好的生产效果。

（二）拱棚的建造

1. 小拱棚

（1）拱圆形拱棚 是生产上应用最多的类型，主要采用毛竹片、竹竿、荆条或用φ 6 ~ 8 毫米钢筋等材料，弯成宽 1 ~ 3 米、高 1 ~ 1.55 米的拱形骨架，骨架用竹竿或 8# 铁丝连成整体，上覆盖 0.05 ~ 1 毫米厚聚氯乙烯或聚乙烯薄膜，外用压膜线等固定薄膜而成。小拱棚的长度不限，多为 10 ~ 30 米。通常为了提高小拱棚的防风保温能力，除了在田间设置风障之外，夜间可在膜外加盖草苫、草袋片等防寒物。拱圆形小拱棚多用于多风、少雨、有积雪的北方。一般在整地做畦后再搭棚架、覆膜。

（2）双斜面小棚 棚面为三角形，适用于风少多雨的南方，因为双斜面不易积雨水。一般棚宽 2 米、棚高 1.5 米，可以平地覆盖，也可以做成畦框后再覆盖。

2. 中型拱棚　这种拱棚的面积和空间比小拱棚大，人可在棚内直立操作，是小棚和大棚的中间类型，常用的中拱棚主要为拱圆形结构。中拱棚的性能介于小拱棚与塑料薄膜大棚之间。

拱圆形中拱棚一般跨度为 3～6 米。在跨度 6 米时，以高度 2～2.3 米、肩高 1.1～1.5 米为宜；在跨度 4.5 米时，以高度 1.7～1.8 米、肩高 1 米为宜；在跨度 3 米时，以高度 1.5 米、肩高 0.8 米为宜。长度可根据需要及地块长度确定。另外，根据中棚跨度的大小和拱架材料的强度，来确定是否设立柱。用竹木或钢筋作骨架时，需设立柱；而用钢管作拱架则不需设立柱。按材料的不同，拱架可分为竹片结构、钢架结构，以及竹片与钢架混合结构。近年也有一些管架装配式中棚，如 GP-Y6-1 型和 GP-Y4-1 型塑料中棚等。

(1)竹片结构　按棚的宽度插入 5 厘米宽的竹片，将其用铁丝上下绑缚一起形成拱圆形骨架；竹片入土深度 25～30 厘米。拱架间距为 1 米左右。中棚纵向设 3 道横拉。主横拉位置在拱架中间的下方，多用竹竿或木杆设置，主横拉与拱架之间距离 20 厘米立吊柱支撑。两道副横拉各设在主横拉两侧部分的 1/2 处，用 ϕ 12 毫米钢筋做成，两端固定在立好的水泥柱上。副横拉距拱架 18 厘米立吊柱支撑。拱架的两个边架以及拱架每隔一定距离在近地面处设斜支撑，斜支撑上端与拱架绑住，下端插入土中。竹片结构拱架，每隔 2 道拱架设立柱 1 根，立柱上端顶在横拉下，下端入土 40 厘米。立柱多用木柱或粗竹竿、竹片结构的中拱棚，跨度不宜太大(多在 3～5 米)。

(2)钢架结构　钢骨架中拱棚跨度较大，拱架分主架与副架。跨度为 6 米时，主架用 4 分钢管作上弦、ϕ 12 毫米钢筋作下弦制成桁架，副架用 4 分钢管做成。主架 1 根，副架 2 根，相间排列。拱架间距 1～1.1 米。钢架结构也设 3 道横拉，横拉用 ϕ 12 毫米钢筋做成。横拉设在拱架中间及其两侧部分 1/2 处，在拱架主架下弦焊接，钢管副架焊短截钢筋连接。横拉杆距主架上弦和副架均为20厘米,拱架两侧的2道横拉距拱架18厘米。钢架结构不设立柱。

(3)混合结构　拱架分成主架与副架。主架为钢架,其用料及制作与钢架结构的主架相同。副架用双层竹片绑紧做成。主架1根,副架2根,相间排列。拱架间距0.8~1米,混合结构设3道横拉。横拉用φ12毫米钢筋做成,横拉设在拱架中间及其两侧部分1/2处,在钢架主架下弦焊接。竹片副架设小木棒与横拉杆连接。其他均与钢架结构相同。

3. 塑料薄膜大棚　这是用塑料薄膜覆盖的一种大型拱棚。它和温室相比,具有结构简单、建造和拆装方便、一次性投资较少等优点;与中、小棚相比,又具有坚固耐用、使用寿命长、棚体空间大、作业方便及有利作物生长、便于环境调控等优点。目前生产中应用的大棚,按棚顶形状可以分为拱圆形和屋脊形,但我国绝大多数为拱圆形。按骨架材料则可分为竹木结构、钢架混凝土柱结构、钢架结构、钢竹混合结构等。

塑料薄膜大棚的骨架是由立柱、拱杆(拱架)、拉杆(纵梁、横拉)、压杆(压膜线)等部件组成,俗称"三杆一柱"。这是塑料薄膜大棚最基本的骨架构成,其他形式都是在此基础上演化而来。大棚骨架使用的材料比较简单,容易造型和建造,但大棚结构是由各部分构成的一个整体,因此选料要适当,施工要严格。

(1)竹木结构单栋大棚　这种大棚的跨度为8~12米、高2.4~2.6米、长40~60米,每栋生产面积334~667平方米。由立柱(竹、木)、拱杆、拉杆、吊柱(悬柱)、棚膜、压杆(或压膜线)和地锚等构成。

①立柱:起支撑拱杆和棚面的作用,纵横成直线排列。原始型的大棚,其纵向每隔0.8~1米1根立柱,与拱杆间距一致。横向每隔2米左右1根立柱。立柱的直径5~8厘米,中间最高(一般2.4~2.6米),向两侧逐渐变矮,形成自然拱形。竹木结构的大

棚立柱较多，使大棚内遮荫面积大，作业也不方便。因此可采用“悬梁吊柱”形式，即将纵向立柱减少，而用固定在拉杆上的小悬柱代替。小悬柱的高度约30厘米，在拉杆上的间距为0.8～1米，与拱杆间距一致，一般可使立柱减少2/3，大大减少立柱形成的阴影，有利于光照，同时也便于作业。

②拱杆：是塑料薄膜大棚的骨架，决定大棚的形状和空间构成，还起支撑棚膜的作用。拱杆可用直径3～4厘米的竹竿或宽约5厘米、厚约1厘米的毛竹片按照大棚跨度要求连接构成。拱杆两端插入地中，其余部分横向固定在立柱顶端，成为拱形，通常每隔0.8～1米设一道拱杆。

③拉杆：起纵向连接拱杆和立柱，固定压杆，使大棚骨架成为一个整体的作用。通常用直径3～4厘米的细竹竿作为拉杆，拉杆长度与棚体长度一致。

④压杆：位于棚膜之上两根拱架中间，起压平、压实、绷紧棚膜的作用。压杆两端用铁丝与地锚相连，固定后埋入大棚两侧的土中。压杆可用光滑顺直的细竹竿为材料，也可以用8#铁丝或尼龙绳（直径3～4毫米）代替。目前有专用的塑料压膜线，可取代压杆。压膜线为扁平状厚塑料带，宽约1厘米，带边内镶有细金属丝或尼龙丝，既柔韧又坚固，且不损坏棚膜，易于压平绷紧。

⑤铁丝：粗度为16#、18#或20#，用于捆绑连接固定压杆、拱杆和拉杆。

⑥门、窗：大棚两端各设供出入用的大门，门的大小要考虑作业方便，太小不利于进出，太大不利于保温。塑料薄膜大棚顶部可设出气天窗，两侧设进气侧窗，也就是上述的通风口。

(2)钢架结构单栋大棚　这种大棚的骨架是用钢筋或钢管焊接而成，其特点是坚固耐用，中间无柱或只有少量支柱，空间大，便于作物生长和人工作业。但一次性投资较大。

这种大棚因骨架结构不同可分为：单梁拱架、双梁平面拱架、三角形(由3根钢筋组成)拱架。通常大棚宽10~12米、高2.5~3米、长度50~60米,单栋面积多为667平方米。

钢架大棚的拱架多用φ12~16毫米圆钢或直径相当的金属管材为材料;双梁平面拱架由上弦、下弦及中间的腹杆连成桁架结构;三角形拱架则由3根钢筋及腹杆连成桁架结构。这类大棚强度大,钢性好,耐用年限可长达10年以上;但用钢材较多,成本较高。钢架大棚需注意维修、保养,每隔2~3年应涂防锈漆,防止锈蚀。

平面拱架大棚是用钢筋焊成的拱形桁架,棚内无立柱,跨度一般在10~12米,棚的脊高为2.5~3米。每隔1~1.2米设一拱形桁架,桁架上弦用φ14~16毫米钢筋、下弦用φ12~14毫米钢筋、其间用φ10毫米或φ8毫米钢筋作腹杆(拉花)连接。上弦与下弦之间的距离在最高点的脊部为25~30厘米,两个拱脚处逐渐缩小为15厘米左右。桁架底脚最好焊接一块带孔钢板,以便与基础上的预埋螺栓相互连接。拱架横向每隔2米用一根纵向拉杆相连,拉杆为φ12~14毫米钢筋。拉杆与平面桁架下弦焊接,将拱架连为一体。在拉杆与桁架的连接处,应自上弦向下弦上的拉梁处焊一根小斜撑,以防桁架扭曲变形。单栋钢骨架大棚扣塑料棚膜及固定方式,与竹木结构大棚相同。大棚两端也有门,同时也应有天窗和侧窗通风。

(3)钢竹混合结构大棚　这种结构的大棚是每隔3米左右设一平面钢筋拱架,用钢筋或钢管作为纵向拉杆,每隔约2米一道,将拱架连接在一起。在纵向拉杆上每隔1~1.2米焊一短的立柱,在短立柱顶上架设竹拱杆,与钢拱架相间排列。其他如棚膜、压杆(线)及门窗等均与竹木或钢筋结构大棚相同。

钢竹混合结构大棚用钢量少,棚内无柱,既可降低建造成本,又可改善作业条件,避免支柱的遮光,是一种较为实用的结构。

(4)镀锌钢管装配式大棚　自20世纪80年代以来,我国一些单位研制出了定型设计的装配式管架大棚,这类大棚多是采用热浸镀锌的薄壁钢管为骨架建造而成。尽管目前造价较高,但由于它具有重量轻、强度好、耐锈蚀、易于安装拆卸、中间无柱、采光好、作业方便等特点,同时其结构规范标准,可大批量工厂化生产,所以在经济条件允许的地区,可大面积推广应用。生产上常用的有GP系列镀锌钢管装配式大棚,该系列由中国农业工程研究设计院研制成功,并在全国各地推广应用。骨架采用内外壁热浸镀锌钢管制造,抗腐蚀能力强,使用寿命10~15年。还有山西省太原市生产的GG-7.5-2.6B型和江苏省的WX-6型、JGP-6型等多种定型产品,均已在不同地区推广应用。

二、日光温室的环境调控

(一)日光温室光照环境的调控

日光温室内对光照条件的要求:一是光照充足,二是光照分布均匀。

1. 调整日光温室结构提高进光率

(1)方位角　日光温室应东西延长、坐北朝南,根据地理纬度的不同确定最佳方位角。北纬40°左右地区,以正南方向较好;北纬40°以南地区,以南偏东5°为宜;而北纬40°以北地区,以南偏西5°为宜。

(2)前屋面采光角　据冬季日光温室多年生产实践,全国日光温室协作网专家组提出了合理时段采光设计,即前屋面的采光角度为当地纬度减去6.5°,即北纬40°地区,前屋面采光角以33.5°为宜。

(3)后屋面仰角　应以当地冬至日太阳高度角为依据,比太阳高度角增加5°~7°。例如北纬40°地区,日光温室后屋面仰角应为

26.5° + 5° ~ 7°即 31.5° ~ 33.5°。

(4)合理的透明屋面形状　从生产实践证明,拱圆形屋面采光效果好,采光面积大;而一面坡式温室采光面小。

(5)骨架材料　在保证温室结构强度的前提下尽量用细材,以减少骨架遮荫。梁柱等材料也应尽可能少用。如果是钢材骨架,可取消立柱,对改善光环境很有利。

2. 选用透光率高的长寿流滴膜　我国以塑料薄膜为主,选用防雾滴且持效期长、耐候性与耐老化性强的优质多功能薄膜、漫反射节能膜、防尘膜、光转换膜。

3. 改进管理措施

(1)保持透明屋面干洁　使塑料薄膜屋面的外表面少染尘,经常清扫以增加透光,内表面应采取通风等措施减少结露(水珠凝结),防止光的折射,提高透光。

(2)延长光照时间　在保温前提下,尽可能早揭晚盖外保温和内保温覆盖物,增加光照时间。在阴天或雪天,也应揭开不透明的覆盖物,时间越长越好,以增加散射光的透光率。

(3)合理密植　合理安排种植行向和栽培密度,目的是为减少西瓜间的遮荫。密度不可过大,否则西瓜在温室内会因高温、弱光发生徒长。西瓜行向以南北行向较好,没有死阴影。若是东西行向,则行距要加大。单屋面温室的栽培床高度要南低北高、防止前后遮荫。

(4)加强植株管理　西瓜是高秧作物,应及时整枝打杈,及时吊蔓或插架。及时将下部老化的或过多的叶片摘除,以防止上下叶片互相遮荫。

4. 遮光　主要有两个目的:一是减弱日光温室内的光照强度,二是降低日光温室内的温度。日光温室遮光 20% ~ 40% 能使室内温度下降 2℃ ~ 4℃。初夏中午前后光照过强,温度过高、超过西瓜光饱和点,对生育有影响时应进行遮光。在育苗过程中移栽后为了促进缓苗，通常也需要进行遮光。遮光材料要求有一定的遮光率，较高的反射率和较低的吸收率。遮光可覆盖各种遮荫物，如遮阳网、无纺布、苇帘、竹帘等。

（二）日光温室温度环境的调控

1. 保温措施

（1）覆盖保温材料　日光温室的散热有3种途径：一是经过覆盖材料的围护结构传热；二是通过缝隙漏风的换气传热；三是与土壤热交换的地中传热。3种传热量分别占总散热量的70%～80%、10%～20%和10%以下。为了提高日光温室的保温能力，常采用各种外保温覆盖材料。我国大多数仍使用稻草苫、蒲席，也部分使用棉被、复合保温被。复合保温被的保温能力最强，可比外温提高10℃～15℃，但价格贵且笨重，需有卷帘机；草苫保温能力稍差，只有4℃～5℃。外覆盖若被雨雪打湿，保温能力显著下降，所以雨、雪天应在上面加盖薄膜。

（2）增大地表热流量　①增大保护设施的透光率，使用透光率高的薄膜，正确选择保护设施方位和屋面坡度，尽量减少建材的阴影，经常保持覆盖材料干净。②减少土壤蒸发和作物蒸腾量，增加白天土壤贮存的热量，土壤表面不宜过湿，进行地面覆盖也是有效措施。③设置防寒沟，防止地中热量横向流出。在设施周围挖一条宽30厘米、深与当地冻土层相当的沟，沟中填入麦秸、稻壳、秸秆等保温材料。根据北京地区的观测，有防寒沟的比无防寒沟的温室内5厘米地温可高出4℃左右。一般日光温室多在南侧挖防寒沟。

（3）增大保温比　在不改变温室结构的情况下，适当减低日光温室屋脊的高度，缩小夜间保护设施（棚膜）的散热面积，有利于提高温室内昼夜的气温和地温。

2. 加温措施

(1)简易烟道加温　目前我国加温温室的数量比较少,大型温室的加温主要以煤或石油为燃料,也有利用地下热水的,这样的温室造价较高。小型的加温温室主要利用烟道、火墙或土暖气作为加温设施。其中一条龙式的烟道是以煤或柴草作燃料、以地面烟道作散热器,共包括炉坑、火炉、出火口、烟道及烟囱5个部分。炉坑是安放火炉、添煤、掏灰等操作的地方,一般设于室外;火炉是燃烧燃料的场所,必须低于烟道,燃料燃烧后经出火口增加火的抽力,引入烟道。火最好设在工作间内,以防污染蔬菜和使人员中毒。温室较长时可在两端设火炉,中间设烟囱。温室跨度7米以上时,可在温室前侧加建火炉和烟道。烟道一般是用瓦管或用砖砌成,烟道内宽20厘米,高度稍低于栽培床,外抹黄泥,以防漏烟。为使通道顺利通畅,烟道应有一定的坡度,一般每米抬高1~2厘米较为适宜。烟道尽头竖烟囱,用于排除废烟,加强炉火的抽力。烟囱出口的内径应比烟囱内径小些,一般砌在北墙附近,高出屋脊1米左右,烟囱基部地面挖0.5米左右的落灰膛。

(2)热风采暖　从设备费用看,热风采暖是最低的。按设备折旧计算的每年费用,大约只有水暖配管采暖费用的1/5,对于小型温室,其差额就更大。可以把热风炉设置在温室内,通过燃烧煤炭或燃料,直接吹出热风。这种系统的热利用效率一般可达到70%~80%。国外的燃油热风机,有效的热利用效率可达90%。热风采暖系统有热风炉直接加热空气及蒸汽热交换加热空气两种,前者适用于塑料大棚或日光温室,后者适用于有集中供暖设备的温室。供热管道除通过其外表面产生对流、辐射散热外,主要通过通风孔直接吹出热空气进行加热,供热管道大多采用聚乙烯薄膜制成。热风炉非常适于有短期加温需求的日光温室和塑料大棚使用。

(3)热水采暖　热水采暖的热稳定性好,温度分布均匀,波动小,生产安全可靠,供热负荷大,大、中型永久性温室多采用此方式。热水采暖系统中热水循环流动的动力有两种,即自然循环与机械循环。自然循环热水采暖系统要求锅炉位置低于散热管道散热器位置,提高供水温度,降低回水温度,以提高自然循环系统的作用压力,可用于管路不太长的小型温室。当管路系统过长,增加管径又不经济或锅炉位置不便安置过低的,为使热水采暖系统的作用压力大于其总阻力,就应改用机械循环装置。温室中常用的散热器是铸铁圆翼形散热器,也可用四柱形暖气片和光面钢管,有的也用传热性能更好的钢串片散热器。

3. 降温措施　日光温室内的降温最简单的途径是通风,但在温度过高、依靠自然通风不能满足西瓜生育要求时,必须进行人工降温。如可以采用遮光降温法,即在与日光温室屋顶部相距40厘米左右处张挂遮阳网,遮光20%～30%时,室温相应可降低4℃～6℃。

(三)日光温室湿度环境的调控

日光温室内的湿度环境,包含空气湿度和土壤湿度两个方面。

1. 空气湿度的调控　从环境调控观点来说,空气湿度的调控,主要是防止植株沾湿和降低空气湿度两个直接目的。防止植株沾湿是为了抑制病害。

(1)通风换气　日光温室内造成高湿原因是密闭所致。为了防止室温湿度过大,在不加温的日光温室里进行通风,其降湿效果显著。一般采用自然通风,从调节风口大小、时间和位置,达到降低室内湿度的目的,但通风量不易掌握,而且室内降湿不均匀。在有条件时,可在后墙或后屋坡安装简易排风扇,进行强制通风,可由风机功率和通风时间计算出通风量,而且便于控制。

(2)加温除湿　湿度的控制既要考虑西瓜的同化作用,又要注意病害发生和消长的临界湿度。保持叶片表面不结露,就可有效控制病害的发生和发展。

(3)覆盖地膜　可在种植行铺上地膜或将整个温室地面全部用地膜覆盖,阻止土壤水分向棚内蒸发。覆膜前夜间空气湿度高达95%~100%,而覆膜后则下降到75%~80%。

(4)控制灌水量　避免采用大水漫灌。应采用滴灌或膜下灌溉,这样可节水、增温、减少蒸发、降低湿度。

2. 土壤湿度的调控　在日光温室环境调控中,土壤湿度的调控是最重要、最严格的环节之一。目前我国设施栽培的土壤湿度调控仍然依靠传统经验,主要凭人的观察感觉,调控技术的差异很大。随着设施园艺向现代化、工厂化方向发展,要求采用机械化自动化灌溉设备,根据西瓜各生育期需水量和土壤水分张力进行土壤湿度调控。

(1)灌水指标　西瓜含水量达70%~90%,因此生长时间需要大量的水分。但是在日光温室栽培条件下,为了避免灌水过多、过勤,空气湿度过高而诱发病害,通常对水分管理要严格控制。一般按西瓜主根分布范围,将接近某发育期受阻碍的水分指标的时间作为适宜灌水的时期。这种方法简便易行,只要在温室内土壤上插上负压计,每天观测其变化值,根据水分变化和西瓜生长状况,就可以确定灌水时期。当然,灌水指标还需要根据土壤性质不同而有所差别。

(2)灌溉技术　日光温室内的灌溉既要掌握灌溉期,又要掌握灌溉量,使之达到节约用水和高效利用的目的。常用的灌溉方式如下。

①膜下暗灌:若温室内没有滴灌设备,则应在栽培垄的中间开一条宽30厘米、深30厘米左右的沟,定植后覆上地膜,浇水时水沿干渠流入膜下的暗沟,从而有效避免增加土壤湿度。

②水龙浇水:即采用塑料薄膜滴灌带,成本较低。可以在每个畦上固定一条,每条上面每隔20~40厘米有一对0.6毫米的小

孔。用低水压也能使20~30米长的畦灌水均匀。也可放在地膜下面,降低室内湿度。

③滴灌:在浇水用的直径25~40毫米的塑料软管上,按株距钻小孔,每个孔上再接上小细塑料管,用19.6~49千帕的低压使水滴到西瓜根部。可防止土壤板结,省水、省工,降低棚内湿度,抑制病害发生,但需一定设备投入。

④地下灌溉:用带小孔的水管埋在地下10厘米处,直接将水浇到根系内。一般用塑料管,耕地时再取出。或选用直径8厘米的瓦管埋入地中深处,靠毛细管作用经常供给水分。此方法投资较大,花费劳力,但对土壤保湿及防止板结、降低土壤及空气湿度、防止病害效果比较明显。

(四)日光温室气体环境的调控

1. 二氧化碳浓度的调控 二氧化碳是西瓜生命活动必不可少的,是光合作用的原料。在半封闭或完全封闭的日光温室内,西瓜不断从有限的空气中吸收二氧化碳,同时外界大气中二氧化碳又不能及时补充,造成温室内二氧化碳浓度很低,不能充分满足西瓜生育需要而减产。因此,采取通风换气或人为补充二氧化碳浓度(气体施肥),不但可以增产,尚有早熟、增产和改进品质的效果。

(1)二氧化碳的浓度和用量 经济又有明显效果的二氧化碳浓度,对于西瓜而言,约为大气含量的5倍。二氧化碳施肥最适宜浓度与西瓜自身和其他环境因子有关,一般应随光照强度的增加而逐步提高二氧化碳用量,并且应维持在600~1000毫克/千克范围之内。

(2)二氧化碳施用时间及西瓜的发育阶段 二氧化碳施肥时间,必须在一定的光强和温度下进行。即在其他条件适宜,而只因二氧化碳不足影响光合作用时施用,才能发挥其良好的作用。一般温室在上午随着光照的加强,二氧化碳浓度因西瓜的吸收而迅速下降,这时应及时进行二氧化碳施肥。冬季(11月份至翌年2月份)二氧化碳施肥时间约为上午9时,可根据室内见光后1小时左右进行,春、秋两季可适当提前。中午温室内温度过高,需要进行通风,可在通风前0.5小时停止,下午一般不施用。在西瓜膨大速度快的时期,施用效果较显著。施用过早容易徒长。

2. 有害气体的调控

(1)有害气体及其危害

①氨气和亚硝酸:由肥料特别是鸡粪、尿素分解过程产生的氨气和亚硝酸气,主要侵害植株的幼芽,使叶片的周围呈水浸状,其后变成黑色而渐渐地枯死。这种危害往往在施肥后10天左右发生。

②二氧化硫和一氧化碳:日光温室内进行煤火加温时,如果煤中含硫化物多时,燃烧后产生二氧化硫气体,二氧化硫遇水(或空气湿度大)时产生亚硫酸,可使叶片出现斑点或整个叶片弥漫呈水浸状,逐渐褪绿。

③乙烯和氯:日光温室内乙烯和氯气来源于有毒的塑料薄膜或有毒的塑料管,如果乙烯浓度为0.1升/升时,2天之后西瓜叶片下垂弯曲,叶片发黄褪色,几天后变白而死。

(2)有害气体的预防　日光温室应远离有污染源的地方(如工厂、矿山及化工厂等地),避免受排放的工业废气的污染;温室加热时应有完善的排烟设施;施用化肥要适量,农家肥应充分腐熟;避免使用以正丁酯、领苯二甲酸二异丁酯、己二酸二辛酯等作原料的农资产品,以免产生有害气体污染温室内的空气。

3. 通风换气

(1)自然通风　我国日光温室目前多以单栋小型为主,所以主要靠自然通风,它是利用设施内外气温差产生的重力达到换气目的,效果明显。

①底窗通风型:从门和边窗进入的气流沿着地面流动,大量

冷空气随之进入室内，形成室内不稳定气层，把室内原有的热空气顶向温室的上部，在顶部就形成了一个高温区。而在棚四周或温室底部和门口附近，常有 1/5～1/4 的面积受"扫地风"危害，造成秧苗生长缓慢，因此冬季无法采用底窗通风，初春时应避免底窗、门通风。必须通风时，在门下部 50 厘米高处用塑料膜挡住。

②天窗通风型：开窗通风包括开天窗和顶部扒缝。天窗面积是固定的，通风效果有限，不如扒缝的好。天窗的开闭与当时的风向有关。顺风开启时排气效果好；逆风开启时增加进风量，排气的效果就差。天窗的主要作用是排气，所以最好采用双向启闭的风窗，尽量保持顺风开窗的位置，才有利于排气。扒缝通风的面积可随室温和湿度高低调节，调节控制效果好。

③底窗（侧窗）、天窗通风型：天窗主要起排气作用，底窗或扒底缝主要是进气，从侧面进风，冷气流进入室内，将热空气向上顶，所以排气效果特别明显。一般进入温室内的风速，迅速衰减一半，并且继续削弱。春季通风时间极短或不通风，通风面积控制在 2%～5%。随着季节和外温的变化，开窗时间、面积要随之加长、加大。在 5 月中旬以后最高气温可达 40℃左右，此时开窗或扒缝面积要占到围护结构总面积的 25%～30%。

（2）强制通风　若在后墙或后屋坡安装了动力扇，可进行强制通风。使室内外产生压力差，形成冷热空气的对流，从而达到通风换气目的。强制通风一般有温度自控调节器，它与继电器相配合，排风扇可以根据室内温度变化情况自动开关。通过温度自动控制调节器，当室温超过设定温度时即进行通风。

（五）日光温室土壤环境的调控

1. 平衡施肥、减少土壤中的盐分积累　过量施肥是日光温室土壤盐分的主要来源。目前我国在日光温室栽培上盲目施肥现象非常严重，化肥的施用量一般都超过西瓜需要量的 1 倍以上，大量的剩余养分和副成分积累在土壤中，使土壤溶液的盐分浓度逐年升高，土壤发生次生盐渍化，引起生理病害加重。要解决此问题，必须根据土壤的供肥能力和西瓜的需肥规律，进行平衡施肥。

配方施肥是日光温室生产的关键技术之一。我国园艺作物配方施肥技术研究要远远落后于大田作物，而日光温室西瓜配方施肥技术研究正处于起步阶段，一些用于配方施肥的技术参数还很缺乏。

2. 换土、轮作和无土栽培 换土是解决土壤次生盐渍化的有效措施之一，但是劳动强度大不易被接受，只适合小面积应用。轮作或休闲也可以减轻土壤的次生盐渍化程度，达到改良土壤的目的。如日光温室连续使用几年以后种一季露地蔬菜或一茬粮食作物，对恢复地力、减少生理病害和病菌引起的病害都有显著作用。当日光温室内的土壤障碍发生严重，或者土传病害泛滥成灾，常规方法难以解决时，可采用无土栽培技术，使得土壤栽培存在的问题得到解决。

3. 土壤消毒 土壤中有病原菌、害虫等有害生物和硝酸细菌、亚硝酸细菌、固氮菌等有益微生物。正常情况下这些微生物在土壤中保持一定的平衡，但连作时由于西瓜根系分泌物质或病株的残留，引起土壤中生物条件的变化打破了平衡状况，造成连作的危害。由于日光温室栽培有一定空间范围，为了消灭病原菌和害虫等有害生物，可以进行土壤消毒。

(1)太阳热消毒法　在1年中高温的夏季(7～8月间)到来之际，前茬西瓜拉秧后及时清除病株残体，清洁温室后若土壤呈酸性，则施入少量的石灰，每667平方米不超过100千克，若土壤呈碱性，需加入碎稻草或秸秆，再加入牛粪后进行深翻，施入稻草和秸秆后在高温条件下易发酵分解增加土壤有机质，也能使土壤疏松透气，改善土壤的物理性质。并且要在施入稻草、秸秆后立即深翻土壤50～60厘米，灌大水，然后用废旧的塑料薄膜全面覆盖后在太阳光下密闭暴晒 15～25 天，使 10 厘米土壤内土温高达 50℃～60℃，可有效预防枯萎病、白粉病等土传病害，同时高温也能杀死线虫及其他虫卵。若晴天多或遇高温年份，消毒效果更好。

(2)药剂消毒　根据药剂的性质，有的灌入土壤中，也有的洒在土壤表面。使用时应注意药品的特性。举几种常用药剂为例说明。

甲醛(40%)用于温室或温床床土消毒，消灭土壤中的病原菌，同时也杀死有益微生物，使用浓度为 50～100 倍液。使用时先将温室或温床内土壤翻松，然后用喷雾器均匀喷洒在地面上再稍翻一翻，使耕作层土壤都能沾着药液，并用塑料薄膜覆盖地面保持 2 天，使甲醛充分发挥杀菌作用以后揭膜，打开门窗，使甲醛散发出去，2 周后才能使用。

硫黄粉用于温室及床土消毒，消灭白粉病菌、红蜘蛛等，一般在播种前或定植前 2～3 天进行熏蒸，熏蒸时要关闭门窗，熏蒸一昼夜即可。

上述药剂在使用时都需提高室内温度，使土壤温度达到 15℃～20℃。10℃以下不易气化，效果较差。采用药剂消毒时，可使用土壤消毒机。土壤消毒机可使液体药剂直接注入土壤到达一定深度，并使其气化和扩散。

三、日光温室新技术的应用

(一)二氧化碳施肥技术

1. 增施有机肥　日光温室中要经常保持较高的二氧化碳浓度，首先必须大量施用有机肥料。有机肥不仅可为作物提供必需的营养物质，改善土壤的理化性质，而且有机肥在分解过程中要放出大量的二氧化碳。根据原中国科学院石家庄农业现代化研究所测定，秸秆堆肥施入土壤5～6天就开始大量释放二氧化碳，开始释放量为3克/平方米·小时，6～7天开始下降，20天还保持1克/平方米·小时的水平，30天与对照区的差别不大，大约为0.4克/平方米·小时。如果每667平方米施用秸秆堆肥3 000千克，则可以在1个月内平均使温室内二氧化碳浓度达到0.06%～0.08%。

2. 人工释放二氧化碳 增施有机肥可提高二氧化碳浓度，但为了在西瓜膨大期等关键时期能够保证二氧化碳的有效供给，则应采取人工施肥的方法。

大量的研究结果和生产实践证明，在较为适宜的情况下，将室内的二氧化碳浓度提高到室外浓度的3～5倍（即0.1%～0.15%），对西瓜的光合作用是有利的。阴天时0.05%～0.1%就可以了。浓度过高会增加成本，且超限度时会产生二氧化碳中毒等不良反应。具体施用方法如下。

(1)燃烧焦炭、液化石油气、沼气

①燃烧焦炭：焦炭在燃烧过程中被氧化形成二氧化碳。1千克焦炭完全燃烧约可产生3千克二氧化碳。焦炭虽然成本比普通煤炭高，但燃烧产生的二氧化硫等有害气体少。目前由山东省潍坊丛兴工贸有限公司研制出一种温室气体调质机，既可用作加热，也可用于二氧化碳施肥。该机利用电除尘化学脱硫技术设计制造，能将燃煤产生的烟尘、焦油及有害于植物的烟气成分脱除而将植物光合作用所需的二氧化碳以及燃煤产生的热量全部投放到温室大棚。

②燃烧液化石油气：此法成本较低，产生的二氧化碳纯净，但需用液化石油气罐等设备。

③燃烧沼气：沼气池与日光温室结合，燃烧沼气获得二氧化碳。沼气废渣又是上好的有机肥料。

(2)施放纯净的二氧化碳

①液体二氧化碳气体施肥法：该施肥法是把气态二氧化碳经

加压后转变为液态二氧化碳，保存在钢瓶内，施肥时打开阀门，用一条带有出气孔的长塑料软管把气化的二氧化碳均匀释放进温室或大棚内。一般钢瓶的出气孔压力保持在98.1～117.7千帕，每天放气6～12分钟。该施肥法方便，施肥浓度易于掌握，并且二氧化碳气体扩散均匀，施肥效果比较好。但是要求二氧化碳的纯度不低于99%。

②固体二氧化碳气体施肥法：该法是利用固体二氧化碳（即干冰）在常温下吸热后易于挥发的特点来进行二氧化碳气体施肥。该施肥法操作简单、用量易于控制，施肥均匀，施肥时也不产生对蔬菜有害的物质，施肥效果比较好。其主要不足是固体二氧化碳的成本比较高，并且其需要在低温条件下进行贮藏和运输，条件要求比较严格，同时固体二氧化碳也容易对人体造成伤害。该施肥法目前应用范围不大，多用于苗床内补充二氧化碳气体。

③化学反应法：可采用强酸（硫酸、盐酸）与碳酸盐（如碳酸铵、碳酸氢铵）反应产生二氧化碳气体。目前主要推广的是用硫酸与碳酸氢铵反应，除了产生二氧化碳以外，最终产物可作化肥。具体做法是：每667平方米温室内取10～20个点不等，用塑料瓶或碗等吊在温室的半空中（离地面1米高左右）。在耐酸的缸、盆、桶中加入适量清水，将浓硫酸（96%～98%）按水量的1/7缓慢地沿器皿的边缘注入水中（注意不可把水倒入硫酸，以免激烈地反应造成硫酸飞溅），边倒边搅拌。每点放入硫酸的量可根据控制面积或二氧化碳设定的浓度来决定，每天卷草帘后半小时放入碳酸氢铵，边倒边搅，使二氧化碳均匀地释放。温室密封2～3小时后再通风。

硫酸和碳酸氢铵的用量可按如下公式计算：每日所需碳酸氢铵的量（克）＝温室的空间体积（立方米）×施用二氧化碳浓度（%）×0.0036（碳酸氢铵克数）；每日所需硫酸量（克）＝每日所需碳酸氢铵量（克）×0.62［1克碳酸氢铵需与0.62克硫酸（比重

1.84)反应]。

也可以按设定的浓度从表4-1中查得所需的硫酸与碳酸氢铵的投放量(温室体积按1 000立方米算)。

表4-1 硫酸与碳酸氢铵法释放二氧化碳投料表

设定浓度(%)	需用二氧化碳		反应物投放量(千克)	
	重 量	体 积	96%硫酸	碳酸氢铵
0.05	0.3929	0.2	0.4554	0.7054
0.08	0.9821	0.5	1.1384	1.7634
0.1	1.3751	0.7	1.5938	2.4688
0.12	1.7079	0.9	2.0491	3.1741
0.15	2.3571	1.2	2.7321	4.2321
0.2	3.3393	1.7	3.8705	5.9955
0.25	4.3214	2.2	5.0089	7.7589
0.3	5.3036	2.7	6.1473	9.5223

注:原有二氧化碳基础浓度以0.03%计。如果设定浓度为0.05%,则需新增浓度为0.02%

(3)施放成品二氧化碳 目前市场上已有片状、颗粒和粉状的二氧化碳肥出售,生产者可以根据需要选购使用。

(4)人工二氧化碳施肥应注意的事项

①施用时期:幼苗期施用时可以从幼苗出土后开始,连续施用20~30天。生产温室则可在定植后进入开花期时起连续施用。

②施用时间:可以在每天揭苫后半小时开始,使温室1~3个小时保持在设定的二氧化碳浓度范围之内。如果需要通风,则应在通风前半个小时停止施用。

③看天调整施用浓度:晴天设定浓度要高些,例如一般为0.1%~0.15%;阴天要低些,为0.05%~0.1%。低温寡照时期一般不要施用,以免发生副作用。

④二氧化碳施肥与其他措施配套：白天室温提高 2℃～3℃，夜间适当降低 1℃～2℃，以防徒长；适当提高土壤及空气湿度，以利于增强光合作用；适当增施磷、钾肥。

⑤施用二氧化碳不要突然停止：若计划终止施用二氧化碳时，应提前开始逐日减少施用浓度，直到停止，否则西瓜易出现早衰现象。

(二)滴灌技术

1. 滴灌的优点　滴灌的好处主要表现在以下几个方面：滴灌比地面沟灌节约用水 30%～40%，从而节省了提水的油、电；滴灌是把水灌在地下根区，地面蒸发水量小，减少了土壤蒸发耗热；滴灌是采取滴渗浸润的方法向土壤供水，不会造成对土壤结构的破坏；由于地面蒸发大大减少，温室空气绝对湿度比地面灌溉降低 10%左右，减少了一些病害的发生和蔓延；在滴灌系统上附设了施肥、施药装置，将肥料、农药随着灌溉水一起送到根区附近，不仅节约了肥料、农药，而且提高了肥效、药效，节省了施肥、施药用工。

2. 滴灌设备的安装和使用

(1)滴灌系统的组成

①供水装置：指水源、水泵、流量和压力调节器、肥料混合箱、肥料注入器。进入滴灌管道的水必须具有一定的压力才能保证灌溉水的输送和滴出。要获得具有一定压力的水可以采取以下方法：一是利用现有水塔。需要计算水塔与灌溉管道的相对高程差，一般要求送水的压力达到 0.1～0.2 兆帕，这相当于要求水塔与灌溉区的相对高度差达到 10 米以上。二是在机井旁设置压力罐。压力罐容量 2～8 立方米，机井水抽入以后加压至 0.2～0.5 兆帕。压力罐应安有自动补水装置，以保证不间断地均匀供水。三是在温室旁设置土造的贮水罐(如铁桶、水缸、塑料罐、水泥池等)。一般容量要达到 0.5 立方米。贮水罐的高度要距地面 1.5 米左右，

使用时用微型水泵不断地把水注入贮水罐中。

②输水管道：是把供水装置的水引向温室等滴灌区的通道。对于温室来说，一般是二级式，即干管和支管。滴灌管带直接安装在支管上。滴灌管一般是由专业厂家提供的高压聚乙烯或聚氯乙烯管，管的内径有25~100毫米不同的规格。不同内径的干、支管可用二通、三通、四通、旁通等连接。从输水管道引至温室的出水管的内径为37.5~50毫米。输水管道上需要安装过滤器，以防铁锈或泥砂堵塞。最简单的过滤器是用80~100目的纱网过滤，同时要安装压力表阀门和肥料混合箱(箱的容积为0.5~1立方米)。进入温室后的管道一般是置于温室中柱或通道前的地面上。

③滴水部分：目前多用聚乙烯塑料薄膜滴管带。厚度为0.8~1.2毫米，直径有16毫米、20毫米、25毫米、32毫米、40毫米、50毫米等规格。由厂家加工成黑色或蓝色，主要是防止内生绿苔、藻类等，堵塞管道。日光温室栽培垄或畦比较短，可以选用直径小的软管。滴管带软管的左右两侧各打有一排直径0.5~0.7毫米的滴水孔，每侧孔距25厘米，两侧滴孔交错排列。当水压达到0.02~0.05兆帕时，软带便起到输水作用，并将软带的水从滴孔滴入根际土壤中。每米软带每小时的出水量为13.5~27升。

(2)滴水软带的布置和安装　日光温室一般采取南北行向种植。支管布置在温室的北侧，滴水软带一般是依栽培行(畦)距呈南北单分式布置。滴水软带与支管的连接有两种方法：一是用40毫米×25毫米的异径三通连接。25毫米的一端套上滴水软带后用绳或铁丝扎紧，滴水软带的另一端也要扎紧。然后用内径40毫米的黑色半软塑料管按一定距离将异径三通的两端连接，温室两头的连接管用塑料堵头塞紧。用异径三通连接滴水软带的输水量大、流速快，特别适于长度超过50米的温室。如果温室过长，可从温室中部分成东、西两组，安装2个阀门，实行分组灌溉。另一种安装方法是将输水支管按软带的布设位置打孔，在孔上安装旁通，将滴水软带接在旁通的出水口上并扎紧。日光温室软带的输送水距离小，一般都采取这种连接方法。

(3)输水管道的连接安装　如果通到温室的出水口是内径50毫米的管，可以先用1个50毫米×40毫米的黑色塑料变径接头把它与支管协调起来；如果进水管的口径与连接软带的管径一致，就不须变径了。

3. 滴灌应注意事项

(1)输水压力调整　把水压调至0.03～0.05兆帕，压力过大易造成软管破裂。没有压力表时，可从滴水软管的表现上加以判断：如果软管呈近圆形、水声不大时，可认为压力合适。如果软管绷得很紧、水声很大，说明水的压力太大，应予调整。

(2)防止堵塞　滴灌系指通过滴头以点滴的方式，缓慢地把水分送到作物根区的灌水方法。过去多是用微管式的滴头，滴头的一端固定在输水管道的支管上，一端放到作物的根区附近。由于这种微管滴头很细，容易堵塞，特别是在我国北方水质比较硬，含有大量的钙、镁离子，更容易发生堵塞；另外，滴头的出水均匀性差，即使由专业人员设计也较难一致。所以，近几年开始使用塑料薄膜带状软管，在其上直接打孔输水，出水比较均匀，安装方便，造价低，1～2年更换1次。

(三)人工补光技术

光照是影响西瓜生长的重要环境因素之一。温室栽培时，由于受覆盖物透光率的影响（如普通玻璃的透光率一般为90%～92%，塑料薄膜的透光率只有85%～90%），温室内的自然光照条件要比露地差。另外，在冬季和早春季节，日照时间短，温室的光照度较弱；南方地区在阴雨连绵的季节里，温室内的光照度仅为2 000勒[克斯]左右。光照不足影响西瓜的光合作用，导致西瓜生长受抑。人工补光是根据西瓜对光照的需求，采用人工光源改善温室的光照条件，调节对西瓜的光照。人工补光是提高温室生产水平的一项新技术，对温室生产的发展有着重要的意义。

1. 人工补光光源的配置与应用

(1)功率配置

①白炽灯：要根据西瓜所需的照度与各种功率白炽灯的照度来确定。一般每平方米栽培面积上需配置的功率数为0.5～1.2千瓦。

②荧光灯：它的光能的生理效应要比白炽灯高得多，每平方米栽培面积上所需配置的功率数比白炽灯低。如低压日光荧光灯，一般每平方米栽培面积上需配置的功率数为0.38～0.91千瓦；低压白光荧光灯，每平方米栽培面积上需配置的功率数为0.28～0.68千瓦；低压软白光荧光灯，每平方米栽培面积上需配置的功率数为0.4～0.976千瓦；低压红光荧光灯，每平方米栽培面积上需配置的功率数为0.43～1.04千瓦；低压蓝光荧光灯，每平方米栽培面积上需配置的功率数为0.6～1.43千瓦。

③高压钠灯：管状钠灯在合理布置的情况下，每平方米栽培面积上需配置的功率数为0.05～0.06千瓦。

④日色镝灯：功率配置在满足净补光强度大于2 000勒的要求、且合理布置的情况下，每平方米栽培面积上需配置的功率数为0.068～0.07千瓦。

(2)光源的安装布置　为避免植株过热，白炽灯的悬挂高度一般为距离植株40厘米。荧光灯的安装高度应距离植株5～10厘米，可沿植株行间配置。高压钠灯的安装高度与植株的垂直距离保持1米较合适。日色镝灯的安装高度应与植株的垂直距离保持1.2米。为使光照强度分布均匀，应将灯布置在西瓜行间的正上方。在实际应用中，为获得更好的补光效果，常将不同的光源综合配置在同一温室内。如采用荧光灯与白炽灯的综合配置，因荧光灯的光谱成分中无红外线，会引起植物徒长，采用综合配置即可避免这种现象的发生。将稀土元素粉荧光灯和植物生长灯组合使用,可使稀土元素粉荧光灯的高发光效能和植物生长灯的高红橙光辐射比率得到互补,可提高补光效果,降低成本。

(四)测土配方施肥技术

配方施肥是综合运用现代农业科技成果,根据作物需肥规律、土壤供肥性能与肥料效应,在有机肥为基础的条件下,产前提出氮、磷、钾和微肥的适宜用量和比例,以及相应的施肥技术。由此可见,要搞好配方施肥,首先要弄清土壤中各元素的含量及供应情况,其次要弄清西瓜的需肥规律、需肥量以及各元素的吸收比例,还要弄清所施肥料有效成分的含量、不同产量从土壤中吸收养分的多少以及每年土壤养分的流失量。

1. 西瓜需肥量的确定

(1)简易测土施肥法所依据的基本理论　西瓜在生长发育期间需要吸收的养分总量是由产量决定的,而这些养分由土壤和肥料二者来提供。用数字表达式就是:需要吸收的养分 = 产量 × 单位产量养分吸收量。

(2)简易测土施肥法所采取的具体措施　以土壤养分测定值为依据,计算土壤供肥量。肥料的供应量则等于西瓜的需肥总量和土壤供肥量的差值。基本公式:施肥量 = 西瓜需要吸收的养分 - 土壤提供的养分。

(3)西瓜需吸收养分量的计算方法　西瓜需要吸收的养分数量是由其产量决定的,而这些养分由土壤和肥料二者来提供。西瓜的产量是计划产量,常称为目标产量,用数字表达式就是:西瓜需要吸收的养分 = 目标产量 × 西瓜单位产量养分吸收量。

产量目标应尽可能达到最高,而且能够实现。拟定目标产量时应考虑当地西瓜的平均产量和最高产量、西瓜的品种、土壤的理化性质、水分条件、种植方式以及其他影响因素。

第一,当地西瓜的平均产量和最高产量。一般以前3年的平均产量或前3年中产量最高而气候等自然条件比较正常的那一年的产量作为计算目标的基数,然后提高10%,定为目标产量。如667平方米产4000千克,目标产量为:$4\,000 \times (1 + 10\%) = 4\,400$千克。

第二,西瓜的品种。如果过去是普通有籽品种,而今年打算改用无籽品种,在同样的水肥条件下,无籽西瓜能增产10%,那么今年拟定的目标产量为:$4000 \times (1 + 10\% + 10\%) = 4\,800$千克。

第三,土壤的水分条件。西瓜产量受水分条件影响大。主要应根据有无灌溉条件来决定。若该地块原来没有灌溉条件,而增加灌溉增产10%,增产应在原来基础上再增加10%。

第四,多种增产措施同时使用后增产的百分率。不可能是简单之和,而是比相加之和低的数值。产量水平可以上台阶,但不能跨台阶,也就是原来的低产田,其目标产量最多定到当地的中产田水平。

(4)*西瓜单位产量养分吸收量的确定方法* 单位产量养分吸收量,是指每生产一个单位(如每100千克)经济产量吸收的养分数量,不同品种(如有籽西瓜和无籽西瓜)单位产量的养分吸收量不同。另外,环境的差异也影响到西瓜产量养分吸收率。虽然单位经济产量养分吸收量受以上因素影响有变化,目前的应用中,是将它作为常量来用。据有关资料介绍,在华北、中原地区中等肥力条件下,每667平方米3000千克产量,需氮7.56千克、磷2.43千克、钾8.58千克。

2. 土壤可提供养分的确定 土壤可供的养分 = 土壤养分测定值 × 校正系数。

土壤速效养分校正系数需要测定才能得到。具体包括三个步骤:设置田间试验;测试土壤速效养分含量;求出校正系数。校正系数用以下公式求出。

$$校正系数=\frac{空白田产量\times单位产量养分吸收量}{空白田土壤速效养分测定值}$$

设置田间试验:即指设置空白田间试验,也就是不施肥试验。目的是探讨不施肥情况下,土壤能向西瓜提供多少养分。而土壤实际向西瓜提供的养分数量与土壤养分测定值的比值,即为校正系数。

各地土壤类型差别很大,采用测土施肥法进行配方施肥时,一定要自己测定土壤校正系数;不可随便借用外地的资料,以免造成大的误差。

3. 供肥量的确定方法　通常我们得到了土壤养分测试结果,有用毫克/千克为单位表示的,也有用千克/667 平方米表示的。这两种情况不能用同一个公式计算。

测土结果以千克/667 平方米表示:土壤可提供养分(千克/667 平方米) = 土壤养分测定值(千克/667 平方米) × 校正系数。

测土结果以毫克/千克表示:土壤可提供养分(千克/667 平方米) = 土壤养分测定值(毫克/千克) × 0.15 × 校正系数。式中 0.15 是将耕层土壤(0~20 厘米表土)中含有的养分量,由以毫克/千克为单位换算为以千克/667 平方米为单位表示的换算系数。西瓜施肥量的计算公式如下:

$$西瓜施肥量=\frac{应补给的肥料养分量}{肥料养分含量\times肥料当季利用率}$$

(1)应补给的肥料养分量的确定方法　应补给的肥料养分量 = 西瓜需要吸收的养分量 - 土壤供应的养分量。

(2)肥料养分含量的确定方法　土壤中施入的肥料有多种,各种肥料因种类不同,营养成分种类及含量均有差异。常用化肥及有机肥中营养成分含量可从有关资料查阅。肥料的有效养分含量常用百分率(%)表示。在西瓜需要养分量相同的情况下,肥料施用量与所施肥料中该种养分的含量成反比。

(3)肥料利用率的确定方法　肥料的利用率也就是肥料中的有效成分。由于土壤吸收性及其他原因，施入土壤中也不会全部被利用。被当季作物吸收利用的有效营养元素占施用肥料中全部有效养分元素的百分率，叫做肥料利用率。肥料利用率受土壤性质、肥料品质、投入量、配比、施肥方法、耕作、灌溉条件等影响较大。因此，即使是同一品种肥料，其利用率也有很大差异。要通过多点(≥15 个点)田间试验测定在不同土壤肥力(包括高、中、低肥力)上的肥料利用率。可安排单施某一种营养元素肥料和不施任何肥料两个处理；计算出该养分总量：某元素当季肥料利用率 = [施肥区西瓜(地上部分)含该元素含量 - 空白区西瓜(地上部分)含该元素总量]/施入肥料中含该元素含量 × 100%。

应当注意的是，试验前注意肥料投入量与配比要适当，防止投肥量过大，否则会造成肥料利用率的降低。有关资料表明，土壤肥力与肥料利用率呈负相关，即土壤肥力低，供肥量少，西瓜依赖于肥料供应的多。常用肥料利用率可查阅资料获得。

(4)如何计算具体的施肥量　施肥量 =(目标产量 × 单位产量养分吸收量 - 土壤养分测定值 × 校正系数)/(肥料养分含量 × 肥料当季利用率)。如西瓜的目标产量为 4 000 千克，每 1 000 千克经济产量吸氮 3.5，土壤碱解氮测定值 140 毫克/千克，换算系数 0.15，校正系数 0.35，氮肥利用率为 50%，计划施用尿素，尿素含氮量 46%，667 平方米用尿素应为：(4000 × 3.50‰) - (140 × 0.15 × 0.35)/(46% × 50%) = 28.91 千克。

4. 如何确定具体施肥方案

(1)肥料的种类　施用何种肥料，应根据作物和土壤的情况来确定，还应考虑经济效益和社会效益。有机肥所含养分全面、肥效稳定、且成本低，长期施用有机肥，可提高土壤的肥力水平；但肥效慢、当年利用率低，因此在西瓜生长旺期的营养最高期，只施有机肥往往不能满足作物需要，最好是有机肥料与化学肥料配合施用，既可满足西瓜对养分的需要，又能起到培肥土壤的作用。

(2)肥料的施用量及施用时间　由于所需施用的肥料往往不只一种，计算施用量及安排施用时间时就有一个先后顺序的问题。较为常用的而且又较简便的方法是先计算氮肥，再计算磷、钾肥。氮中又先计算有机肥，再计算复合肥，最后是单元素肥料。由于西瓜不同生育期对氮、磷、钾的需要量是不均衡的，因此计算的施肥量不能一次全部施入耕地，而应根据西瓜的需肥规律及土壤、肥料的性质，将肥料分几次施用。如北方降水量少，植株长势容易得到控制，基肥施用比例较高，长期以水调肥，追肥的次数和用量较少；南方则相反，为满足生长和结果的需要，追肥次数和用量较多。西瓜追肥要特别注重西瓜的膨果肥，既要满足西瓜膨瓜期营养的需求，又要注意防止营养生长过旺。只有这样才能及时满足西瓜各生育期对养分的需要，达到增肥增产的最大经济效益。

思考题

1. 日光温室生产中如何进行光照的调控？
2. 日光温室生产中如何进行温度的调控？
3. 日光温室土壤消毒的措施有哪些？
4. 日光温室西瓜生产中如何进行二氧化碳人工施肥？
5. 简述滴灌设施的安装和使用方法。
6. 西瓜配方施肥中如何确定施肥量？可举例说明。

第五章　西瓜保护地栽培技术

一、日光温室栽培

(一)定植前的准备工作

1. 扣膜　在定植西瓜苗前 10～15 天扣好棚膜,上好草苫。棚膜可用 0.1～0.12 毫米厚的聚氯乙烯或聚乙烯薄膜以及 0.08～0.1 毫米的醋酸乙烯薄膜,这些专用于覆盖日光温室的棚膜,其耐用性及其他性能均与非棚膜有一定差别。薄膜幅宽不足时,可用电熨斗加热粘连。为了以后通风方便也可将棚膜分成 3～4 个大块,相互搭接在一起,重叠处宽要≥20 厘米,每块棚膜边缘烙成筒状(内可穿绳),以后从接缝处扒开缝隙通风。接缝位置通常是在棚顶部或距地面 1 米处。除了普通聚氯乙烯和聚乙烯薄膜外,随着生产水平的提高,目前生产上多使用无滴膜、长寿膜、耐低温防老化膜、转光膜等多功能膜作为覆盖材料。

2. 施基肥　按每 667 平方米施优质农家肥 5 000～6 000 千克,过磷酸钙 80～100 千克,尿素和硫酸钾各 30～40 千克作基肥。将一半的基肥撒施后深翻 30 厘米,其余的基肥在起垄后置于垄上。开沟后将另一半基肥均匀施入与土混合均匀。

3. 做畦　整平地面后按垄宽 80～90 厘米、沟宽 30 厘米南北向起垄,垄高 20～25 厘米。在垄上两侧开双行定植沟,布置好滴灌软管,然后覆盖地膜。采用膜下暗灌的一般是在垄的中间开一条小沟,浇水时将水浇于小沟内。

4. 温室消毒　定植前 7～10 天要对温室喷药和高温闷棚消

毒灭菌。可用硫黄粉熏蒸消毒的方法对温室空间和农具进行消毒。具体方法为:每667平方米用硫黄粉1千克加锯末混合,拌匀后分放在温室各点,将所用农具架杆等也一并放入温室。暗火点燃后密闭温室熏蒸12小时。或每667平方米用45%百菌清烟雾剂1000克熏蒸温室,熏蒸后仍密闭温室7~10天消毒灭菌,定植或播种前1~2天打开通风口通风。如每667平方米用药200~250克熏蒸,可在温室播种前分3次进行,每次间隔时间1周。另外,还可用40%甲醛300~500倍液对温室内的墙体骨架及各部位和角落实行喷洒消毒,喷洒7天后打开通风口通风,15天后即可使用。

(二)定　植

1. 定植期　西瓜定植的适宜苗龄为30~40天。若苗龄期过长,容易形成徒长苗,定植时伤根多,缓苗期长。日光温室西瓜秋冬茬、越冬茬、冬春茬的定植时间,一般分别处在白露前后、小雪前后、立春前后,若是元旦、春节上市,则应在国庆节前后定植。定植前要加强温室增温、保温管理,使其气温稳定在15℃以上,白天控制在25℃~35℃,夜间控制在15℃以上,凌晨最低不低于8℃;地温白天控制在20℃~30℃,夜间控制在15℃~20℃。这样定植后有利于发生新根、根毛和根系伸长,能加速缓苗,缩短缓苗期;同时由于昼夜间温差较大,有利于地上部苗壮生长和促进花芽分化及多形成雌花。

2. 定植密度　一般采取每垄定植2行,株距50~70厘米。嫁接栽培或大果型品种株距应稍大一些。行距70~80厘米。呈"品"字形定植。每667平方米定植1500~2000株。

3. 定植方法　采用坐水栽苗方法。先在定植沟内浇足水,水稍渗后先小心脱掉塑料钵,将完整土坨栽入定植穴内,使土坨表面与畦面平齐或稍露出。垄中央留灌水沟,然后铺盖地膜,在膜上割

"一"字形口小心引苗出外。全棚定植上西瓜苗后,每垄覆一幅地膜,地膜的幅宽 120～150 厘米,比垄宽多 20 厘米,把垄背(垄脊)垄沟全覆盖。对定植的嫁接西瓜苗,覆盖地膜后接口处要在地膜之上。若提前铺设地膜,则采用打孔器开穴,穴深 10 厘米左右,然后先往穴内浇入配有多菌灵的药水。若苗龄较大或幼苗根系老化,应加入适当生根粉。待穴内水渗下后轻取苗坨(苗钵块)置穴中。为了补苗,棚内应同时多栽一些后备苗。

4. 定植时应注意的问题 应该把瓜苗按大小分区定植。由于大棚中部的温度高,有利于瓜苗的生长,要把小苗和弱苗栽到大棚的中部。大苗和壮苗要栽到温度偏低的四边,以利于整棚瓜苗的整齐生长。要注意保护好根系,在起苗、运苗和栽苗的过程中要轻拿轻放,防止营养土坨破碎。应选择连续晴天早期的上午定植,以利于缓苗。

(三)环境调控

1. 光照、温度、湿度的调控 因西瓜喜光照,能耐 8 万～10 万勒强光照,而不耐 0.4 万勒以下的弱光照;喜较高温度,能耐 45℃的高温,而不耐 13℃以下的低温;喜空气 50%～60%的相对湿度,耐 50%以下的空气干燥,而不耐空气 80%以上的高湿。

(1)缓苗期 缓苗生长这段时间,要求较短、较强的光照和较高的温度。

光照:选择晴日在高温条件下定植。缓苗期不需遮荫,而需要 4 万～5 万勒的较强光照。为促进花芽分化和形成雌花的比例加大,每日光照时间控制在 8～9 小时。气温:白天保持在 25℃～35℃,夜间保持在 15℃以上。地温:在 14℃～28℃。缓苗期不浇水,少通风,只有在中午棚内气温达 35℃时进行短时间通风降温。

(2)伸蔓期 从缓苗后生长到开花期,要勤擦拭棚膜除尘,改善棚膜的透光性,棚内后墙面设置镀铝反光幕,增加栽培面积上的反光照。要根据棚内温度、湿度情况，进行适当通风调温调湿，使棚内温度控制在白天气温 25℃～35℃，夜间气温不低于 15℃；地温白天 22℃～26℃，夜间稳定在 15℃以上。空气相对湿度：白天 50%～60%，夜间 80%左右。

(3)结瓜期 随着植株体增大叶片数增多，需要光照强度增强，光照时间延长。要适时早揭晚盖草苫，尽可能延长光照时间。越冬茬西瓜的结瓜期正处冬季日照短、光照弱、一年中最寒冷时期。光照强度和光照时间都远远不够西瓜正常生长发育的需要，是西瓜生产的最严重障碍。对此，可在自然光照的基础上，通过人工补光，使棚内的光照强度达 7 万～8 万勒，光照时间达 10 小时左右。在棚温调节上，要推迟中午的通风时间。晴天中午棚内气温不超过 35℃时不开天窗通风，当棚内气温高达 35℃以上时才开天窗通风降温，当气温降至 30℃时立即关闭通风口停止通风。夜间应维持在 15℃，不要长期低于 10℃，短期内最低温不得低于 5℃。若遇寒流、连阴天或夜间温室内无法保证 8℃以上的温度时，应采取加温措施。空气湿度白天为 50%～60%，夜间不超过 80%。对于无籽西瓜的温度管理，从苗期至结瓜期，都需比普通有籽西瓜高出 2℃～5℃，一般苗期高出 3℃～5℃，伸蔓期和结瓜期高出 2℃～3℃。

2. 棚内气体的调节 大棚密闭条件下空气中二氧化碳含量严重不足，影响光合作用的正常进行和同化产物的积累，因此要进行二氧化碳施肥，补充棚内二氧化碳含量不足。二氧化碳施肥的时期主要在西瓜生育盛期，特别是果实发育期；适宜时间是上午 10 时左右光合作用最旺盛时期；最佳浓度是 1～1.5 毫升/升。必须采取通风换气方法，使棚内气体保持新鲜，防止有害气体积累。

(四)肥水管理

1. 追肥 西瓜是喜肥作物,要求较高的土壤肥力。西瓜植株在不同生育阶段对氮、磷、钾的吸收量不同,幼苗期的吸收量约占全生育期总吸收量的0.54%,伸蔓至坐果期占14.6%,结瓜期占84.85%,以结瓜中期的吸收量最大,约占77.5%。与普通有籽西瓜相比,无籽西瓜的需肥量一般高出10%~20%。团棵期主要是促进植株生长,扩大同化面积,促进花芽分化和雌花形成,一般每667平方米追施腐熟豆饼肥75~100千克或大粪干500~700千克,另外要混施尿素10千克左右。第二次追肥在坐住瓜后,目的是促进瓜果迅速膨大。一般每667平方米施三元复合肥50~60千克,或尿素、硫酸钾、过磷酸钙各10~25千克。具体施肥方法是在植株一侧或株间距20~25厘米处开一条小穴施入,或沟施或随水冲施,也可用小型施肥器进行点施。对于安装有滴灌设备的日光温室,可提前将肥料溶化于水中,然后结合滴灌追肥。第三次追肥是在瓜体基本定型前后叶面喷洒速效化肥和微肥、高效氨基酸复合肥。如喷洒0.5%尿素稀释液和0.2%磷酸二氢钾稀释液、高效氨基酸复合肥、黄腐殖酸锌增产剂光合微肥、螯合微肥等,一般每667平方米喷施0.5~1千克,6~7天喷1次,连续喷2次。叶面追肥应在早晨9点以后,不要在下午或阴天喷施,否则会造成叶面和温室内湿度过大,有利于病害发生。另外要严格掌握施用浓度,浓度过大会损伤叶片。

2. 浇 水

(1)苗期 西瓜生育前期根系生育旺盛,较耐旱。因此定植后到伸蔓前,应适当控制浇水,以地膜覆盖保墒和行间中耕保墒为主,促进形成强大的根系,并使根系增加、扎深。此期土壤含水量为田间最大持水量的55%~75%为宜。如果土壤湿度低于50%瓜苗出现旱象时,宜采取于行中间膜下小沟内浇小水1次,切不可放浇大水。

(2)伸蔓期　进入伸蔓期到开花前,植株需水量逐渐增加,但为防止坐瓜期植株徒长而化瓜,促进开花坐瓜,仍应适当控制浇水,可浇小水1次。切不可浇水过多,否则瓜秧易徒长,不易坐瓜。

(3)膨瓜期　进入瓜果膨大盛期需水量剧增,应采取大浇膨瓜水,保证充足的水分供应,以促进瓜体膨大。一般于瓜果膨大期内浇2次水:头一次膨瓜水是在70%~80%幼瓜稳坐住后(即大果型品种的幼瓜如苹果大小,中果型品种的幼瓜如鸡蛋大小,小果型品种的幼瓜如核桃大小时)要大水浇1次,使整个耕作层充分湿透。若个别植株较早坐住瓜,应该及时单独浇水,否则浇大水时易裂瓜。第二次膨瓜水是在浇头一次膨瓜水后10~12天、瓜果膨大盛期,于小行间膜下沟内灌浇,也要浇满水沟,使膜下的垄脊充分湿透。瓜体定型到成熟期,为促进瓜果内部物质转化,使可溶性固形物(糖分)增加以提高品质,不应再浇水。

(五)植株调整

对西瓜的植株进行调整,能协调其营养生长与生殖生长使之均衡,减少无用蔓叶对养分的消耗;能调节蔓叶的分布、改善透光条件、增强光合作用、提高光合生产率;通过选瓜定瓜可提高单瓜重量和改善品质。因此,调整植株是实现日光温室西瓜高产优质的主要管理技术措施之一。

1. 整枝、留蔓、打杈

(1)整枝　日光温室西瓜一般采用双蔓整枝,除保留主蔓外,在主蔓第三至第五节上选留一条健壮的侧枝蔓,即1株只留2条蔓,要将其他所有侧蔓及早摘除;若要结二茬瓜,则采用3蔓整枝,留1条主蔓2条侧蔓。到瓜体膨大后期,因养分多集中在瓜体增大上,所以茎蔓的生长势显著变弱,此时可停止打杈,以保持较大的叶面积、增加光合产物、提高单瓜重。

(2)吊蔓、绑蔓　日光温室保护地栽培西瓜空间狭小,应充分利用空间吊蔓、绑蔓。一种方法是提前在温室内沿垄的方向拉上铁丝,要求铁丝高2米左右,每垄拉2根,间距与西瓜的种植行距一致,然后在铁丝上绑上细绳,绳子长度刚好接地即可,间距与西瓜的株距相同。瓜蔓长到30~40厘米时,将瓜蔓用"S"形缠绕到绳子上,瓜蔓生长较快,每隔1~2天将新生瓜蔓绕到绳子上。一般每条瓜蔓只留1个瓜,当瓜坐稳后在瓜以上留15~20片叶打顶。另一种方法是在棚内设立架,架式可采用篱壁式、人字式等。瓜蔓上架时,如果蔓长架矮,可采用"S"形或"之"字形绑蔓法。即当瓜蔓长到30~40厘米时,在棚内立架,首先引蔓上架绑好第一道蔓,当绑第二道蔓时应斜着拉向邻近架杆,并要使全架方向一致、水平拉齐。当绑第三道时,再拉回原杆上或原吊绳上,如此反复进行。一般每条瓜蔓只留1个瓜,当瓜蔓长满架时,在瓜以上留15~20片叶打顶。有的先采用留单蔓整枝,瓜坐住后在瓜以上有15~20片叶时打顶,并及时在下部选留2条侧蔓后引蔓上架,每条侧蔓仍选留1个瓜,当瓜坐住后留15~20片叶打顶。主蔓瓜采收后要将主蔓适当短截,以利于透光通风,促进侧蔓生长。

2. 果实管理

(1)选瓜、定瓜　生产上一般多选留第二朵雌花坐瓜。此时植株已有较多的叶片,瓜体膨大时期能得到比较多的养分,瓜型大而整齐端正。若第三朵雌花坐瓜,虽因植株叶面积大,瓜长得大,但成熟期推迟,且易出现畸形。定瓜时当主、侧蔓上坐住瓜后选留部位适当、子房肥大、瓜形端正符合该品种特征的幼瓜。选定留瓜后就应把其他雌花及幼瓜及时淘汰,并视植株长势适时摘心,以减少营养物质的消耗。要求主蔓结瓜,侧蔓不留瓜,1株只结1个瓜。主、侧蔓叶片制造的有机营养,集中供应主蔓上结的1个大瓜。对于中果型品种,当侧蔓长到18节时打去顶心,并注意保留从侧蔓顶端往下数第三节或第四节抽生的新芽(新枝),其他节的腋芽都抹掉。当主蔓上的瓜果(第一茬瓜)膨大到定个(定型)时,侧蔓顶端往下第三或第四节抽生的新蔓一般正出现第一雌花,可选留此雌花进行人工授粉,结第二茬瓜。

(2)吊瓜　当选定的幼瓜长到1千克左右时,要及时吊瓜。目前市场上有专用的网袋,也可将塑料纱窗网、蔬菜包装网袋等剪成四方形,在四个角用绳子捆住,然后将瓜吊起;也可用草绳圈和3根吊绳把瓜吊起来挂在铁丝、支架上或吊架的顺行铁丝上。注意尽量不要用铁丝圈吊瓜,因为铁丝容易造成瓜上的勒痕,影响外观。

(六)人工辅助授粉

1. 人工授粉　西瓜属于异花授粉植物。由于冬、春季日光温室西瓜的开花结瓜期正值低温期,棚内没有传粉昆虫,因此日光温室西瓜生产必须进行人工授粉。西瓜人工授粉的具体做法是:开花结瓜期,每天上午8～10时,当雄花开放后,摘下雄花,去掉花瓣露出花蕊,把花药对准雌花的柱头轻轻摩擦几下,使花粉均匀抹到柱头上即可。雄花少时1朵雄花一般可给3朵雌花授粉。授粉期间如遇外界环境条件恶劣棚内温度过低或阴雨天气,应提前把即将开放的雄花摘下放到室内温暖(25℃)的环境里,促雄花迅速开放散粉,用以人工授粉。授粉后在该花的着生节上挂一纸牌,上面写明授粉的日期,以备收瓜时参考。授粉后翌日下午,如果雌花果柄弯曲下垂生长,子房前端朝下表明授粉成功。如果雌花果柄仍然向上或仍然向前伸直,一般是没有授上粉的表现,此时应注意清理该株上标记牌,重新选择雄花进行授粉。

2. 人工授粉注意事项

(1)及时授粉　若天气晴朗,温度较高,西瓜花一般在清晨7～8时开放。从开花到上午10时前的一段时间内,授粉效果最好,坐果率也最高。因此,对当天开放的雌花要求于上午10时前全部授粉。

(2)不要碰雌花的子房　西瓜雌花子房外露,容易受到伤害,而子房一旦受到伤害后不容易坐瓜,即使坐住瓜也大多成为畸形瓜。因此,授粉时要注意保护,不要擦伤子房,也不要碰掉子房上的茸毛。

(3)均匀授粉　花粉在雌花柱头上要均匀分布,分布不均匀容易引起果实畸形,形成偏头瓜。

(4)注意保温　把通风口关严,使棚内温度保持在30℃左右,否则会导致授粉不良,引起化瓜。

(5)要注意防水　授粉当日,如果棚膜上的水滴滴落进雌花内,不仅妨碍授粉,对已经授粉了的雌花,还能够造成花粉吸水破裂,导致授粉失败。若遇连阴天或雄花散粉少,可利用坐瓜灵涂瓜柄,促进坐瓜。

(七)收　瓜

1. 成熟瓜的判断方法　日光温室西瓜价格高,对果实品质、成熟度的要求比较严格,一般只有达到九成熟后的瓜才可以采收上市。判断果实是否成熟可从以下几个方面进行考虑。

(1)形态变化

①卷须变化:一般情况下,留瓜节及其前后的1~2节的卷须变黄或枯萎,表明该节的瓜已成熟。

②果实变化:瓜皮明显变亮、变硬,瓜皮的底色和花纹色泽对比明显、花纹清晰、边缘明显、呈现出老化状;有条棱的瓜,条棱凹凸明显;瓜的花痕处和蒂部向内凹陷明显;瓜梗扭曲老化,基部的茸毛脱净。

(2)日期判断　该法比较准确、误差少,应用得比较普遍,最适合于保护地栽培西瓜。该法的判断依据为:冬季日光温室西瓜从雌花开放到果实成熟,早中熟品种一般需要35天左右,中晚熟品种需要 40～45 天。早春茬西瓜，早中熟品种一般需要 30 天左右，中晚熟品种需要 35～40 天。同一个品种，头茬瓜较二茬瓜多需要 3～5 天。

(3)声音变化　手敲瓜面，发出“砰砰”低沉声音的为成熟瓜，发出“咚咚”清脆声音的为不成熟瓜。

2. 收瓜时间和方法　收瓜要安排在上午进行。上午瓜的温度低，易于保存，同时瓜中的含水量较高，汁多、味好，也有利于保鲜和提高产量。若是耐贮性差、易破裂的品种，上午收时瓜皮较脆，最好在下午收。收瓜时用剪刀将留瓜节前后 1～2 节的瓜蔓剪断，使瓜带一段茎蔓和 1～2 片叶收下。该法收瓜一方面有利于瓜的保鲜，益于长途贩运；另一方面也有利于防病，避免病菌从瓜梗的伤口处侵入瓜内，引起烂瓜。另外，该收瓜法采收的瓜也比较美观，易于销售。

二、塑料大(中)棚栽培技术

(一)栽培模式

1. 双膜栽培　塑料大棚一般都建立在地膜覆盖栽培的基础上，这种地面有一层地膜、棚上有一层棚膜的模式一般叫双膜栽培模式，也是最基本的大棚栽培模式。为了减低棚内湿度，防除杂草，减少病害，有条件的瓜农还可把棚内地面全部用地膜或农膜覆盖起来，这种模式叫大棚双膜全覆盖栽培。

2. 三膜栽培　在双膜栽培的基础上，在瓜行上面再加盖一层小拱棚，大棚的升温和保温效果会更好。

3. 三膜一苫栽培　在三膜栽培的基础上，在小拱棚上面再加一层草苫保温，大棚的升温和保温效果可达到最佳水平，早熟效果最好，在华北地区 4 月中下旬、西北地区 5 月初可实现当地早瓜上市。

4. 四膜一苫 它将大拱棚单层膜改为双层棚膜,外加小拱棚膜和地膜,形成四膜,配套草苫覆盖,增强了大棚的保温性能,使大拱棚内温度比单层棚膜棚温提高3℃左右,西瓜提前育苗移栽,在华北地区4月中下旬上市。

(二)定植前的准备工作

1. 育苗时间 塑料大棚栽培一般采用日光温室内育苗,也可在定植西瓜的加温大棚内育苗。一般在12月中下旬至翌年1月上旬播种。具体育苗期要根据大棚西瓜的栽培方式和品种选用情况确定。一般情况下,双膜大棚的保温能力有限,可较当地露地西瓜的育苗期提早40天左右;如果采取三膜栽培形式,育苗期可提早50天左右;如果采取三膜一苫栽培形式时,育苗期可提早60天左右。

2. 施基肥 早春大棚是一种两收,西瓜的产量高、生育期长,因此需肥量大,应重施基肥。一般每667平方米施优质腐熟厩肥4 000~5 000千克,过磷酸钙50千克,硫酸钾15~20千克,腐熟饼肥100千克,硫酸锌5千克,硫酸亚铁3千克,硼砂1.5千克。以上肥料中有机肥和磷、钾肥的一半于整地时撒施,另一半与全部的微量元素施于西瓜种植行或沟内。

3. 整地做畦 大棚早熟西瓜一般栽培密度较大,因此要求精细整地。如果是利用冬闲大棚,应在冬前深耕25厘米,进行冻垡,使土壤疏松。将基肥的一半全面撒施,再翻入土中,整平后开沟集中施肥和做畦。

大棚内的做畦方式一般可采用小高垄和高畦,按行距1~1.2米做畦。在采用吊蔓或支架密植、嫁接栽培、双蔓整枝和每株留一瓜的情况下,按1米行距做小高垄为宜,畦中间开小沟浇水。若采用吊蔓栽培,则畦面与大棚纵向垂直;若采用地面匍匐栽培,可用南北向畦(与大棚纵向平行)。

(三)定　植

1. 定植时间　各地具体定植时期应掌握在大棚内土壤 10 厘米深处地温稳定在 10℃以上,棚内平均温度、最低气温稳定在 15℃、10℃以上即可定植。如采取双膜大棚保护栽培,华北、西北大部分地区以 3 月中下旬定植为宜;如果采取“大棚 + 小拱棚 + 地膜”栽培形式,可于 3 月上中旬定植;如果采取“大棚 + 小拱棚 + 地膜 + 草苫”覆盖保温栽培形式,可于 2 月中下旬定植。

2. 定植密度　大棚西瓜种植密度不要太大。一般采取双蔓或 3 蔓整枝栽培时,早熟品种每 667 平方米以 1 000 株左右为宜,中晚熟品种以 500 ~ 800 株为宜。立架或吊蔓栽培一般为早熟类的小西瓜,每 667 平方米定植 1 500 株左右。

3. 定植方法　定植前 10 天先扣好棚膜,铺好地膜,以增温保墒。定植时确定好株距后在栽苗部位打孔,然后栽苗、浇水、覆土。定植深度以营养土坨的表面基本与畦面相平为好,若幼苗胚轴较高,则定植深度可稍深。全棚栽完后可清扫畦面,并在垄面上插小拱架,其上扣薄膜,成一条龙式小拱棚。由于大棚内无风,故拱架可简单些。小拱棚也可用地膜覆盖,并且不必压得很牢,以便天暖时昼揭夜盖。为了补苗,棚内应同时多栽一些后备苗。为了使定植当日能提高土温,最好在下午 2 ~ 3 时前定植完毕。详细定植技术见日光温室西瓜定植技术。

(四)环境管理

1. 环境调控

(1)缓苗期　定植后 7 天内一般白天掀开小拱棚的草苫但不通风,促进缓苗。白天保持棚内气温 28℃ ~ 30℃,夜间不低于 15℃。若棚内气温超过 35℃则可将小拱棚的薄膜稍掀开,适当通风换气。

(2)伸蔓期　白天气温保持25℃~28℃,夜间不低于15℃,瓜秧稳长,以利于坐瓜。

(3)坐果期　进入开花坐果阶段,棚温要相应提高,白天温度保持在30℃左右,夜间温度不低于15℃,否则将引起坐瓜不良。

(4)成熟期　进入成熟期后外界气温已经升高,此期棚内的温度有时会升得很高,要适时通风降温,棚内气温白天保持30℃~35℃,夜间15℃左右,使之形成较大的昼夜温差,以利于糖分的形成和积累,提高西瓜的品质。

2. 大棚保温措施　常用的有以下几种:①大棚封闭要严密,避免漏风。大棚上下幅膜间的叠压缝要宽(要求不少于20厘米),并且叠压要紧密。②棚内进行多层覆盖。大棚内进行的多层覆盖主要有加盖小拱棚和加盖草苫等。在大棚内加盖小拱棚,可使温度提高2℃~3℃;加盖一层厚3厘米左右的草苫,可使小拱棚内的温度提高5℃以上。

3. 大棚的降温措施

(1)通风　气温回升后逐渐加大通风量。随着气温升高,白天可逐渐撤去小拱棚膜(一般3月中旬后),夜间再覆盖。通底风时通风口要小,谨防伤害瓜苗。

(2)遮荫　进入夏季后棚温也进入1年中的最高时期,此期只靠通风往往难以使棚温降到西瓜正常生长的温度范围内,必须借助遮荫来降低棚温。可在棚膜上加盖遮阳网以达到降温的目的。

(五)肥水管理

1. 浇　水

(1)苗期　定植缓苗后应根据植株生长表现及时进行浇水。缓苗后如果土壤干旱必须进行浇水。但要注意不能大水漫灌,而应在植株周围浇小水。大水漫灌会急剧降低土壤温度,影响根系生长,甚至引起沤根。

(2)伸蔓期 当蔓伸至30厘米后浇水。开花坐果期一般不浇水、不施肥,以防"化瓜"。

(3)膨瓜期 坐瓜后要肥水紧促,当棚内80%植株幼瓜鸡蛋大小时浇1次定瓜水,这次浇水量要大,要浇透。10天后瓜迅速膨大,再浇1水。

2. 追肥 塑料大棚内是一个高温、高湿的环境,因而土壤中有机质及矿物质的分解速度较快,这样就使得大棚土壤出现早期养分供应速度快而集中,后期易脱肥的现象。因此生产中除要施足基肥外,还要根据植株各个生长时期的需肥特点及时进行追肥。追肥应以速效肥为主,并要考虑氮、磷、钾肥搭配施用。定植后一般追肥2~3次。

第一次追肥是在植株蔓长20~30厘米时进行,即结合浇水进行。具体方法是:在植株一侧20厘米处开沟,每667平方米施三元复合肥15~20千克。

第二次在膨瓜期进行,结合浇水每667平方米追施尿素5~6千克、硫酸钾10~15千克,采用开沟穴施或结合浇水冲施的方法。其后根据情况浇水,保持畦内湿润,促使果实膨大。为延缓叶片老化及促进瓜膨大并提早成熟,可每隔7~10天喷1次叶面肥,以磷酸二氢钾、尿素为好,也可喷施蔗糖水。

第三次在果实采收前10天最后浇1次水,每667平方米施尿素7~10千克、硫酸钾5~7千克,促进割蔓后新蔓萌发。

(六)植株调整

1. 整枝、搭架、绑蔓

(1)整枝 大棚密植条件下,要实行较严格的整枝。当伸蔓后主蔓长30~50厘米时,侧蔓也已明显伸出。当侧蔓长到30厘米左右时,从中选留一壮健侧蔓,其余全部去掉,以后主、侧蔓上长出的侧蔓及时摘除。在坐瓜节位上边再留10~15片叶即可打顶。

整枝工作主要在瓜坐住以前进行。支架栽培情况下,去侧蔓(打杈)工作要一直进行到满架、打顶。在去侧蔓的同时,要摘除卷须。若采用地爬形式栽培,伸蔓期要彻底整枝。一般是留1主蔓2侧蔓,其余的分枝全部去除。坐第一批瓜以前,彻底整枝抹芽,集中营养供应花芽分化,有利于多结瓜。整枝以后将瓜蔓斜向均匀地摆放在畦面两侧。一般1株留1瓜。采收第二批瓜后放任生长,增加分枝。

(2)搭架、绑蔓　在大棚支架栽培情况下,应采用立架、竹竿,也可用吊绳,但以用粗竹竿为好,因为竹竿不易落瓜。在定植后20多天,主蔓长30厘米左右,去掉大棚内小拱棚后立即进行插架,可按每株瓜秧插2根竹竿,在植株两侧,距植株根部10厘米以上,竹竿要插牢、插直立。插立架后开始引蔓、绑蔓。当蔓长30~40厘米时,即可将匍匐生长的瓜蔓引上立竿,每蔓一根竿。绑蔓作业中应注意理蔓,后期绑蔓应注意不要碰落大瓜,绑蔓和整枝工作可结合进行。

2. 果实管理　若是采用吊蔓栽培,果实管理与日光温室相同;若采用爬蔓式栽培,则应及时顺瓜翻瓜(详见露地西瓜栽培技术相关部分)。

(七)人工授粉

早熟栽培头茬瓜主要在主蔓上留瓜。西瓜主蔓上长出的第一雌花应去掉,3月中旬开始主蔓上第二或第三雌花开花时,选留坐瓜。由于大棚的特定环境,昆虫少,必须人工辅助授粉,每天上午8时左右雌花开放、雄花粉囊开裂并散出花粉后应及时进行人工授粉。具体操作与日光温室栽培相同。

(八)采　收

一般早熟品种多在授粉后30~35天采收。中晚熟品种可在授粉后35～36天采收，如积温低也可推迟到40天左右采收。

(九)割蔓再生栽培

为提高产量和效益，可在头茬瓜采收后进行割蔓预留二茬瓜处理。

1. 割蔓方法　一般4月下旬至5月上旬气温已高可将大棚撤去，或将四周棚膜掀起。在采收第一茬瓜时，尽量不踩踏茎叶，以保证连续旺盛生长。第一茬瓜采收完后根据苗的壮弱将主蔓和两侧蔓分别在50～80厘米处剪断，将剪下的秧蔓连同杂草一同清除出棚外，3～5天后主蔓上陆续萌发出侧枝。

2. 促发新蔓　割蔓以后应及时浇水，结合浇水每667平方米追尿素10～13千克、硫酸钾8～10千克或三元复合肥20千克，促新蔓早发快长。同时注意防治病虫害。

3. 整枝与留瓜　大约蔓长到40厘米出现雌花，整枝方式多采取3蔓整枝，去除其他多余侧蔓。再生栽培适宜的留瓜节位为第二或第三雌花。条蔓上见到的雌花，均可进行人工授粉，最后选一个发育良好的瓜。

4. 肥水管理　选瓜定瓜后开始浇膨瓜水，每667平方米追施尿素5～10千克、磷酸二铵20千克或三元复合肥30千克。距棵30厘米穴施或用施肥器点施。西瓜割蔓后要及时喷药，防止病毒病、叶枯病等，并在膨瓜期叶面喷施叶面肥，对促进新蔓萌生和瓜膨大及含糖量的提高效果十分明显。

5. 采收　二茬瓜成熟期较第一茬瓜时间短，多在6月上旬采收，产量约占总产量的40%。如管理好，品质优于头茬瓜。只要瓜秧无病，不早衰，就能继续坐三茬瓜。

6. 综合防病　采取综合措施，防止病害发生。具体方法详见西瓜病虫害部分。

三、小拱棚栽培

西瓜小拱棚栽培,是建立在西瓜地膜覆盖栽培基础上的一种早熟覆盖栽培模式,因其结构简单、建设成本较低、机动性强、早熟效果较好而受到生产者的欢迎。目前已经发展出多种栽培模式,如近年出现的小拱棚加盖草苫和双拱棚覆盖栽培等。这些栽培形式,可使西瓜早上市 20~40 天,延长了供应期,经济效益也十分可观。

(一)栽培模式

1. 双膜栽培 小拱棚跨度 80~150 厘米,高度 50~90 厘米,长度不限。单行栽培的棚宽 80~100 厘米,双行栽培的棚宽为 100~150 厘米。棚越高越宽,其内温度越高,温度变化幅度小,西瓜可早种早收。因此,在搭设小拱棚时应尽量大些。天暖时可通风降温,一般待第一茬瓜坐稳后再撤棚。

2. 双膜一苫栽培 在双膜栽培的基础上,再加盖一层草苫用于夜间保温,其覆盖效果会更好。瓜也要早成熟 1 周左右。

3. 三膜一苫栽培 在定植行上先盖一个高 40 厘米、宽 1 米的小拱棚。其外盖一个大拱棚,宽 2 米、高 1 米,拱棚长 20~30 米,拱棚骨架用宽 1~2 厘米、长 1.5~2 米的竹片,膜上用压膜线勒紧。

(二)定植前的准备工作

1. 整地 前茬作物以禾本科作物如玉米、小麦、谷子等为好。若是种过瓜类作物,最好采用嫁接栽培,否则易发生枯萎病。秋茬作物收获后要及时深耕 25~30 厘米,进行冬季晒垡和熟化土壤。也可在冬前按照行距挖深 30 厘米、宽 70 厘米的西瓜沟,经冬季冻晒，加厚活土层，于早春扣棚前施肥、填沟整平做畦。于定植前10～15天灌水造墒后扣塑料拱棚提高地温。

2. 施肥　每667平方米施农家肥3 000千克，磷酸二铵70千克，硫酸钾15～20千克，尿素10千克。先将基肥的一半施于田间，然后将另一半施于西瓜种植沟。施肥的方法是沿瓜行开约30厘米深的施肥沟集中施入，并深翻使土肥充分混合，然后再做畦。

3. 做　畦

(1)高畦　小拱棚西瓜栽培多采用双行密植办法。一般将畦面做成龟背形宽畦面，也可做成中间有宽30～40厘米、深20～30厘米灌水沟的双窄畦面，畦宽1.6～2米，中间高15～20厘米，两侧高7～8厘米，以南北走向为宜。瓜苗栽在瓜畦的两边，瓜苗伸蔓后两行瓜蔓向畦内对爬。

(2)低畦　低畦由浇水畦和爬蔓畦两部分构成。浇水畦也叫瓜行畦。宽50厘米左右，每畦栽2行瓜苗，2行瓜苗伸蔓后分别向相反的方向爬行。爬蔓畦位于浇水畦的两侧，畦宽1.6～1.8米。小拱棚扣盖在浇水畦上，一棚可覆盖2行瓜苗。

(三)定　植

1. 定植时间　应提前40天左右在日光温室或加温大苗床内育苗，当棚内气温稳定于15℃或外界气温稳定于10℃以上时再开始定植。一般双膜覆盖栽培定植期可较露地提早15～20天，双膜覆盖加草苫可较露地提早30天左右。华北和中原地区在3月上中旬定植。若小拱棚不加盖草苫，则应在3月底或4月初定植。

2. 定植密度　大果型品种栽培密度为每667平方米800株，中、小果型每667平方米900～1 200株，株距0.45～0.6米，行距1.5～1.8米。

3. 定植方法　定植方法与日光温室相同。

(四)环境管理

1. 缓苗期 由于定植时苗穴里浇了水土温较低,一般在定植后1周内不通风,以提高土温和棚内气温,促进缓苗。此后根据天气情况,逐渐开始通风,保持棚内最高温度不大于35℃,最低温度不小于12℃,否则不利于缓苗。棚内最高温不能超过45℃,否则会出现烤苗和高温障碍。缓苗期间,当白天棚内温度达到35℃时,一般不要揭膜通风,而应该采用覆盖草苫或其他遮盖物遮荫的方法来降温,因为此时外界温度较低,幼苗容易冻伤。

2. 团棵期 白天棚内温度保持在30℃~33℃,夜间保持在15℃左右。这时期若棚内温度太高,则会使植株消耗过多的营养物质而妨碍花芽分化。当白天棚内温度达到35℃时,要通风降温,以达到降温、排湿、改善光照条件,降低植株生长速度,提高抗逆能力,达到叶厚、茎粗、根壮。一种方法是在棚的两侧地面上将棚膜提起,然后撑起一个洞口通风。洞口的数量因棚内温度和棚的长短而定。下午应及时放下,夜间应及时覆盖草苫以利于保温。

3. 伸蔓期 瓜苗开始伸蔓,如果温度过高,瓜秧节长细弱,雌花分化受抑制,容易造成坐果困难。因此,这段时间防高温,白天最高不超过30℃,夜间不低于12℃。若夜间温度高,应全部或部分撤去草苫。采用双拱棚的可拆除里面的小拱棚。当棚内温度降至25℃时关闭风口,防止秧苗徒长。

4. 开花坐果期 当天气日平均温度20℃时,可以将拱棚两端昼夜打开通风。在5月中旬晚霜过后或夜间气温稳定在12℃以上时,这时可去掉小拱棚。但在开花坐果期间,要注意利用拱棚顶膜的遮雨作用,保证授粉和坐果。

小拱棚由于空间小,通风时温度变化较剧烈,因此要注意以下几点:一是每天要变换通风口的位置,如果长期在一个地方通风的话,会影响通风部位植株的生长;二是每天的通风量要掌握由小到大的原则,如果突然加大通风量,则容易引起“闪苗”;三是在低温天气时不要从迎风面进行通风。

(五)肥水管理

与大棚浇水施肥方法基本相同。

(六)植株调整

1. 整枝　西瓜小拱棚栽培多采用爬蔓式。由于是保护地栽培,对西瓜秧的生长和幼果发育有一定影响。如侧枝发生晚且少,瓜蔓生长速度慢,叶片小,雌花出现早,尤其第一雌花早且小,多为畸形果。这就要求整枝宜轻勿重,即多留枝叶,扩大叶面积,增强光合作用,促果实正常发育。进入膨大期应及时摘心打杈。如瓜秧长势旺,可在瓜前留 15 片叶打顶。当瓜蔓满地后摘除全部生长点,以协调营养生长与生殖生长,以利于瓜膨大。

一般早熟品种多采用三蔓整枝,即在瓜秧长至 40～60 厘米长时,除保留主蔓外,再从瓜秧基部 3～5 节处,选留 2 条生长健壮的子蔓,其余侧蔓均全部抹掉。中晚熟品种和无籽西瓜品种多采用双蔓整枝。

2. 留瓜　第一雌花节位低,瓜也长不大,一般不留。要采用从第二雌花留起、第三雌花相结合的方法,以突出早熟栽培的特点。

(七)授　粉

小拱棚西瓜栽培中,当雌花开放时,外界气温已经较高,并且棚膜已经撤掉,因此可以利用昆虫授粉。若遇到低温天气棚膜不能撤除,则应进行人工授粉。具体方法参见日光温室授粉技术。

(八)选留二茬瓜

由于双膜覆盖早熟栽培第一茬瓜多在5月下旬至6月上旬采收,收获后有较长一段时间气候条件仍适合西瓜生长,因此可留二茬瓜。方法有两种:一种是割蔓再生,即在头茬瓜定个后注意选留基部萌生的新蔓3条,头茬瓜采摘后距根茎部30厘米剪除老蔓,利用基部新蔓结果;另一种是新梢留瓜,即在果实生长后期,利用主、侧蔓顶端发出的新蔓坐果。一般割蔓后7~10天可开花坐瓜,此法管理简单,但坐瓜节位高,瓜型偏小,产量较低。关键技术主要是头茬瓜膨瓜后期做好防病工作,叶面喷肥,严防茎叶早衰。摘瓜后及时清洁田园,用生根剂灌根并追肥浇水,促新蔓健壮生长。在采收头茬瓜时,田间作业一定要小心。加强肥水管理,在二茬瓜坐稳后应追施1次速效化肥,每667平方米施尿素15~20千克、硫酸钾10千克,并浇1次大水。

四、特殊礼品西瓜栽培

(一)带字西瓜栽培

带字西瓜是在市场经济条件下,为满足人们对物质文化品位的需求而采取的一种西瓜促销手段,也是瓜农增加收入的一个新举措。西瓜贴字传统的方法是采用毛笔直接在西瓜上写字或将写好字的纸粘贴在将要成熟的西瓜皮上。但这种方法因各种原因使西瓜成熟时往往字迹不够清晰,在生产上难以推广。目前多采用装璜材料"黑色即时贴"为粘贴材料,采用电脑打字临摹的新方法有效解决了上述矛盾。一般贴字西瓜单价比普通西瓜增加20%以上。

1. 选用适宜优良品种 实践证明,大果型、果面光滑无棱的西瓜品种贴字效果最好。

2. 贴字材料制作　采用“黑色即时贴”是贴字材料的最佳选择。它的好处是自带黏胶，粘的字牢，纸薄，防水防透光性好，弹性好，不易拉断，农民操作也很方便。具体方法是：事先用电脑将“喜、贺、福、寿、吉、万事如意、生日快乐、祝你平安”等喜庆吉祥字词，打印并刻画成各种标准美观的字体提供给农户。

3. 贴字技术　西瓜从坐果到成熟转色前均处在膨大期，雌花开放至成熟需 30 ~ 32 天。过早贴字，易在西瓜膨大过程中造成字形移位，影响黏胶性能；过迟，瓜皮老化，贴后西瓜表皮字迹不明显或显现不出字模。因此应掌握在西瓜成熟转色之前半个月，选瓜形好、单瓜大的贴字。将剪好的字贴于西瓜侧面，贴后覆盖茅草等稀薄草类遮阳，以防夏季高温造成“黑色即时贴”吸热烫伤西瓜表皮。经过 15 ~ 18 天，西瓜成熟采摘时再揭去贴纸，瓜皮上就会有明显的黄白色字迹，即可上市销售。

（二）模具化西瓜栽培

西瓜模具化栽培是指利用模型改变西瓜本来的形状，按照种植者的意愿种出理想瓜形，常见的为方形。模具化西瓜栽培对西瓜要求比较高，由于有模具的限制，要求瓜皮韧性大，因此应选一些皮厚耐裂的品种；另一方面为了增加观赏性，最好选用圆果形黄皮西瓜，比如宝冠、金太阳、金秀等品种。

1. 材料准备　5 毫米厚白色玻璃、50 毫米宽的透明胶带、剪刀、玻璃刀、老虎钳、卷尺、卡尺、毛巾（或软布）等。

2. 田间测量　由于西瓜生长速度不一致，同一天开花的西瓜个头大小不一，因此模具制作之前必须先到田间逐个用卡尺量出需上模具的西瓜的长、宽、高，并编号记载。

3. 模具制作　根据田间所量西瓜的长、宽、高划 6 块方形玻璃。先将 5 块（四周加一底面）玻璃用透明胶带固定拼成一个（缺一底面的)方形盒,再将另一底面的玻璃平分成两半,并在当中开一半圆形小洞(放瓜蒂),用透明胶带裹在开口处,以免划伤瓜蒂。再按照尺寸注明与西瓜相对应的编号,便于田间操作(以上过程可在室内进行),因此当天量的尺寸必须当天制作模具,当天拼装。

4. 田间拼装 以雌花开放至成瓜后 16~17 天使用模具为宜。模具盒制好后到田间按照对应的编号,用软布或毛巾擦去西瓜上的露水及污物,轻轻装进模具盒中(需 2 人操作),瓜蒂朝上,再将划成两半并开有小洞的一块上底玻璃盖在盒上,使瓜蒂放在中间的洞眼中,先用透明胶带固定,上盖之后再用胶带呈“十”字状带着另一底将整个模具盒上下底粘牢(绕多道)即可。

5. 后期管理

(1)覆盖遮阳 模具装成后,摆放位置应顺于西瓜原来生长的方位。为防止暴晒使模具内温度过高而灼伤西瓜,须在上了模具的西瓜上覆盖遮阳网或其他遮盖物(最好早晚揭,中午高温时盖)。

(2)补充营养 由于人为操作,可能对西瓜和瓜秧造成不同程度的损伤,应及时用 0.5% 尿素液或磷酸二氢钾液进行叶面喷施,以促进其尽快恢复生机,提高光合效率,防止早衰。

(3)水分控制 西瓜坐果后 20~30 天是西瓜糖分转化积累的关键时期,对水分的要求比较严格,水分过多会降低西瓜的糖度,因此切忌大水。如田间确实较干,可在根部用小水浇湿。采摘前 7~10 天停止浇水。成熟后及时采摘,以免降低西瓜的品质。

思考题

1. 简述保护地西瓜的定植方法和应注意的事项。
2. 试述西瓜日光温室栽培中如何进行温度的调控。
3. 西瓜日光温室栽培中应在哪几个时期追肥?简述具体的

追肥种类和追肥量。

4. 为什么要进行二氧化碳施肥？具体施肥方法有哪些？

5. 西瓜人工授粉的方法及其注意事项有哪些？

6. 如何判断西瓜的成熟度？

第六章　西瓜露地栽培技术

一、地膜覆盖西瓜栽培

(一)地膜的选择与铺设

1. 地膜覆盖的意义　地膜覆盖可创造良好的瓜田生态条件，较好地满足西瓜的生物学特性需要，促进根系发育，提高出苗率和成苗率，促进茎叶生长和早熟，提高产量和产值。据中国农业科学院郑州果树研究所研究表明：覆盖地膜后西瓜可提早成熟 9 天左右，早期产量增加 32.1%，每 667 平方米产量增加 56.2%，每 667 平方米产值增加 86.9%；无籽西瓜可提早成熟 12.5 天，早期产量增加 41.9%，每 667 平方米产量增加 110.6%。

2. 地膜的种类　农用薄膜的颜色有很多种，对光谱的吸收和反射规律也不同，因而对西瓜的生长及杂草、病虫害和地温的影响也不一样。根据不同要求，选择适当颜色的地膜，可达到增产增收和改善品质的目的。

(1)无色透明膜　这是在生产上应用最普遍的聚乙烯透明薄膜。覆盖这种膜，土壤增温效果好，一般可使土壤耕层温度提高 2℃～4℃。

(2)黑色膜　是在聚乙烯树脂中加入 2%～3%碳黑制成的。这种膜太阳光的透光率较少，热量不容易传给土壤，因而防止土壤水分蒸发的性能比无色透明膜强，能显著地抑制杂草生长。

(3)黑白双面膜　为了克服黑色膜的一些缺点，科研人员又研制出了黑白双面膜。它的一面是乳白色，另一面是黑色。盖膜时乳白色的一面向上，可以反射阳光，降低膜温；黑色的一面向下，用来抑制杂草生长。

(4)蓝色膜　这种膜的主要特点是保温性能好。在弱光照射条件下，透光率高于普通膜；在强光照射条件下，透光率低于普通膜。用于西瓜，具有明显的增产和提高品质的作用。

(5)红色膜　美国农业科研人员研究了彩色地膜对草莓和番茄及其他作物的增产效果。经研究发现，红色地膜比黑色地膜更能刺激作物生长，植物会利用更多的能量进行地上部分的光合作用。

(6)绿色膜　能明显抑制杂草生长，但绿色染料对膜有一定破坏作用，缩短了膜的使用寿命。

(7)银灰色膜　此种膜具有反射紫外线、驱避蚜虫的作用，对由蚜虫迁飞传染病毒有积极的防治作用。其对土壤的增温效果介于透明膜和黑色膜之间，主要适用于春季或夏季防病、抗热栽培。

(8)光降解膜　这种膜使用到一定时期就会自行粉碎，与土壤混为一体，可以避免废旧的薄膜对土壤的污染。

(9)有孔地膜　即在普通地膜上均匀地打一定孔径和孔数的小孔，较普通地膜具有缓冲土壤温度、水分变化、增强土壤通气性、降低根层二氧化碳等有害气体的作用，对维持植株活力、延缓衰老过程有显著生理效应。

3. 覆膜宽度　覆盖方式可分全畦覆盖、宽幅（1.5 米左右）覆盖、窄幅（0.7～0.8 米）覆盖。覆膜愈宽，增温保墒效果愈好。一般宽幅较窄幅地温增加 10℃。但全面覆膜或膜宽过大会带来施肥压蔓操作上的困难。同时土壤温度、水分的变化剧烈，影响通气，膜内二氧化碳等有害气体浓度增加，影响根系生长，从而引起早衰等；另一方面考虑到生产成本，当前生产上单行种植主要用 70 厘米窄幅覆盖，保证透光面 50 厘米；双行种植主要用 120 厘米宽幅覆盖。

4. 地膜覆盖的形式

(1)普通式覆盖　薄膜平铺在畦面上,瓜畦一般应先做成中央隆起呈龟背形,也可将瓜畦做成平畦。畦面平整、规则,地膜平铺、紧贴在畦面上,这种覆膜法要求膜与地面越紧贴越好,以利于增温和保湿。

(2)改良式覆盖　这种覆盖形式是在普通覆盖的基础上稍加改进而成,即在瓜畦上按要求的株距,挖深5厘米、长宽均为10厘米的播种穴。播种结束后保留播种穴,将地膜铺于畦面上,让幼苗在膜下生长一段时间。待幼苗长出2~3片真叶时,破膜通风。改良式覆盖可比普通地膜覆盖早播种5~10天。

(3)阳畦式覆盖　利用锯齿形瓜畦后面的畦埂,每隔40~50厘米搭一木棍,将薄膜盖在上面形成北高南低的斜面,呈阳畦状。这种方式可以吸收较多的太阳光,白天升温快,后面因有畦埂阻挡,可以防御北风,因而有良好的防寒保温作用。幼苗出土后应视情况通风降温,防止烧苗,幼苗可在膜下生长到3~4片真叶时放出,播期可比普通覆盖提前5~8天。

(4)小拱棚式覆盖　也叫先盖天后盖地,即一膜两用。利用树枝等插成小拱形,高25~30厘米、宽50厘米左右,每隔30~40厘米插1根,上面覆盖薄膜呈拱棚状。小拱棚升温快,播种期比普通覆盖提早8~12天。幼苗出土后可在棚内生长20~25天,此期间注意防风降温,幼苗长至4~5片真叶时,可将幼苗放出膜外,然后撤掉拱条,将薄膜平铺在畦面上,变为普通覆盖方式。

5. 铺设地膜　可分为机械覆膜与人工覆膜两种,大多数采用人工覆膜。一般3人一组,2人将薄膜铺盖于畦土上,之后在畦的一头将薄膜用土压紧,然后把地膜随畦面从一头展开,用土压实,再向畦的另一头滚动展开地膜,1人在畦的另一头将薄膜展开并拉紧,使其紧贴于地面,2人在畦的两侧将膜用土压紧。为保证覆盖地膜的质量,盖膜一定要严实,不能有孔隙通风进气,磨损破孔处应用泥土封住,否则气温难以上升,杂草易滋生。在覆膜时间上分先铺地膜后播种(定植)和先播种(定植)再在畦面铺地膜。一般情况下,应先覆膜后种植,盖膜宜在定植前 7~10 天进行,待土温升高后再定植,有利于种子萌芽出苗和定植缓苗,促进根系发育。铺设地膜宜在晴天无风时进行,并且尽量使薄膜保持较大的受光面积,四周埋入土中的膜边不宜过宽。播种(定植)后覆膜操作虽然不太方便,但有利于提高覆盖质量,多用于阳畦式覆盖和小拱棚式覆盖栽培。

(二)整地与施肥

1. 瓜地选择

(1)土质　栽培西瓜最理想的土质是砂壤土,有利于根系的发育,最好选择土层深厚、排水良好、疏松的地块。但西瓜对土壤的适应性较强,砂砾地、黏土均可栽培。新开垦的生荒地病少草少,如耕作和施肥合理也可获得好的收成。

(2)地势　地势较高,排灌方便。西瓜根系不耐水涝,受淹后根系窒息、腐烂。瓜地应以地势较高的地块为宜。在南方平原水田更应建立畅通的排灌系统。

(3)茬口　西瓜忌连作。在同一田块连续种植,导致生育不良的连作障碍,或枯萎病严重发生。西瓜枯萎病的病原在土壤中存活期可达 10 年以上,故轮作周期要长,旱地要求 5 年以上,水旱轮作需 3~4 年。目前,随着轮作周期的缩短,枯萎病发病率有逐年提高的趋势,产量逐年下降。如能采取划片分区种植,实行多年轮作,则可简便有效地防止枯萎病的发生。

2. 土壤耕作和施基肥

(1)耕作　翻耕可加深土层,改良土壤结构,消灭部分病菌、害虫,并结合施肥增加土壤养分,创造西瓜根系生长适宜的土壤温度、湿度、空气和营养条件,促进根系生长,为植株持续生长和结果打下良好基础。一般要求冬前翻耕 1 次,深 25 ~ 30 厘米,耕后不耙,以促进土壤风化。北方早春干旱地区,翻耕后灌冬水造墒。播种或定植前约 15 天结合施用基肥回填沟土,按当地习惯精细做畦。

(2)施基肥　基肥以肥效较长、养分全面的有机肥为主,常用的有各种厩肥、堆肥、草粪等土杂肥,人粪、饼肥、骨粉,并配以磷肥、钾肥等。基肥的施用量根据土壤的肥力和气候条件而定。基肥的施用比例一般占总用肥量的 60% ~ 70%。施肥量一般每 667 平方米施农家肥 4 000 ~ 5 000 千克,加饼肥 100 千克、过磷酸钙 40 ~ 60 千克、硫酸钾 15 ~ 20 千克。

基肥的施用方法因施肥量而异。土杂肥或厩肥充足时,可采取全面撒施或撒施与沟施相结合的方法,即在冬耕或春耕时撒施,然后翻入土中。施用时厩肥应发酵腐熟。

3. 做　畦

(1)平畦　适用于华北地区。于冬前或早春按 1.5 ~ 1.8 米的距离开沟,沟宽约 40 厘米、深约 50 厘米,结合施用基肥,以沟为底耙成底宽约 30 厘米、上宽约 60 厘米、坡度 15° ~ 20°的龟背形垄,在沟底种瓜,起到保墒、防风作用。

(2)沟畦　适用于甘肃省河西、新疆维吾尔自治区等干旱少雨地区,畦面畦沟的宽度因品种而异。现以中熟品种为例说明:用机引开沟器按 4 ~ 4.5 米距离开沟,人工修理拍实畦沟,筑成沟深 30 ~ 40 厘米、沟底宽 30 ~ 40 厘米、沟面宽 80 ~ 100 厘米、畦面宽 3 ~ 3.5 米的畦,要求沟底平、口齐、水位线保持一致。沟向与等高线平行,播种穴的位置在沟两侧,以减少灌水,保持湿润,增加吸热面,有利于种子发芽。

(3)高畦　适用于南方多雨地区,在平原地区按畦的宽度分宽畦和窄畦。宽畦连沟 4 ~ 5 米,沟宽约 60 厘米,在畦的两侧种 2 行西瓜;窄畦连沟宽 2 ~ 2.5 米,在畦的一侧种 1 行瓜苗,或间隔约

2.5米与畦面垂直种瓜，每行4～5株。前者多用于平原水田，而后者主要用于丘陵旱地。畦的方向与利用套种作物防风、改善小气候有关。一般东西向受光均匀，植株生长整齐，有利于前期防寒增温。

（三）育苗定植

1. 育苗 见第三章育苗技术。

2. 定 植

(1)定植时期 露地定植期必须在终霜期过后平均气温18℃以上，才能避免受霜冻危害。应注意气象预报，抓紧在寒流刚过、气温回升的时机进行定植，有利于幼苗发根缓苗，缓苗成活后较耐低温。

(2)定植密度 北方生长季节少雨，温光条件好，植株长势容易得到控制，定植密度较高，一般露地栽培每667平方米的定植密度为早熟品种1 000～1 100株，中晚熟品种800～900株。南方多雨地区，植株的长势不易控制，栽植密度则应稀些。如同一类型的品种北方的栽植密度一般较南方增加约20%。同理，在适宜生长季节，植株得以充分的生长，栽植不能太密；而不适宜生长季节，则应种得密些。以中熟品种为例，在长江中下游地区春季栽培适宜种植密度每667平方米500～600株，而秋瓜栽培可种到800～1 000株。

(3)定植技术、定植方法 与日光温室的技术、方法基本相同。

（四）大田直播栽培

1. 直播的优缺点 大田直播不需任何育苗设施，操作简便，易于掌握，适于大面积栽培。并且根系发育好、不伤根、具有较强的抗旱能力。但难以一次全苗和齐苗，给田间管理带来一定困难。

2. 直播的条件 ①播种季节天气晴朗，气温回升快，土温较高。②土壤质地疏松、墒情好，土壤温度和水分条件有利于种子的萌发。而黏性土壤因升温慢，一般不宜采用直播。③具备地面覆盖条件，瓜墩能覆沙或覆草。具有增温保墒、防止土表板结等作用，为种子的发芽和出苗创造条件。当前生产上普遍应用的地膜覆盖为西瓜大田直播创造了良好的环境条件。

3. 直播技术环节

(1)适时播种　大田直播要避免出苗后受晚霜危害、保证全苗，因此播种期较晚。由于各地纬度及海拔高度的差异，气候条件复杂，播种期差别很大。原则上首先根据西瓜种子发芽最低温15℃，要求10厘米土壤温度稳定通过15℃；其次是掌握终霜以后幼苗出土后无晚霜之虑，即为该地区西瓜直播的安全播种期。

(2)播种方法　有干籽或浸种直接播种和催芽直播。如覆盖地膜的又分先覆膜后破膜穴播和先穴播后覆膜两种。破膜穴播的最好在播种穴覆土后再加覆河沙以保湿保温，先穴播后覆膜的要注意出苗后破膜通风，以免高温烧苗。

(3)播种深度　大田直播技术关键是掌握覆土的深度。播种过深墒情好但土温上升慢、出苗慢；而浅播土壤温度条件较好但保水性差，同样影响出苗。此外，覆土深度与土质及种子大小有关：沙土可深些，黏土浅些；大粒种子深些，小粒种子浅些。一般覆土深度为1～1.5厘米。干籽直播7～10天出苗，催芽直播5～7天出苗。催芽加速出苗，但如土壤水分较多或遇阴雨，容易引起烂种；干籽直播出苗较有把握。

(4)用种量　按每667平方米栽培1 000株计算，若1穴播1粒，则小籽型品种需35～50克，大籽型品种需90克左右。

4. 苗期管理

(1)破膜放苗　覆膜后膜下增温效果明显，幼苗出土后易受高温危害或形成高脚苗，所以出苗后应及时破膜放苗。方法是出苗后用刀将膜划开后把苗放出，四周用土压住。此项工作应在上午

10时以前或下午4时以后进行，以免中午高温时将苗放出造成“闪苗”。改良后的地膜覆盖，则应在出苗后注意通风降温、降湿，通风口随幼苗生长、外界温度升高逐渐增大。

(2)间苗　北方春季风大，土壤蒸发量较大，西瓜苗小、根浅易受旱，应十分注意防旱，当播种穴出现裂缝应及时抹平。出苗后应及时补苗，补苗可用预备苗或附近播种穴多余苗补齐。北方空气干燥，补苗不易成活，可采取带土、点水移栽，栽后罩塑料帽以提高温、湿度，成活率一般在90%以上。由于直播时每穴一般放2～3粒种子，所以出苗后要间苗。苗期可间苗2次，第一次在1叶期，每穴留2株壮苗；第二次3叶期定苗。间苗时可把间除苗的基部掐断，以免拔苗法损伤选留苗的根，同时除去杂苗和病苗。如整个瓜田出苗不整齐，瓜苗大小不一，应在间苗时调整苗势，对弱苗适当增肥，使幼苗生长整齐一致。

(五)肥水管理

1. 施肥原则

(1)重视有机肥施用　有机肥能疏松土壤，促进根系的生长，提高根的吸收能力，而基肥供整个生长期吸收利用，对于维持植株的生长势、提高植株的抗病性有显著的效果，并且可以改善农田生态环境，因此应积极提倡瓜田使用有机肥料。基肥以缓效的厩肥及土杂肥为主，并配合磷、钾化肥的使用。

(2)营养适量，前期应适当控制　氮素营养水平直接影响西瓜营养体的大小和产量的高低。西瓜生长对氮素营养水平的反应比较敏感。水平低时藤叶量小；过量则易造成徒长、减少结果、降低品质等。这就增加了氮肥使用难度，原则上应掌握适量，前期适当控制。

(3)磷肥宜早施　磷素营养可促进根系的生长。磷与花芽分化和花蕾的发育有关。磷可提高幼苗的抗寒力，早施有利于发根壮苗。同时磷肥也能增加产量，提高果实品质。

(4)增施钾肥，改善品质　试验结果表明，钾肥的使用无论是单独或配合施用，均可显著提高西瓜果实的含糖量，明显改善品质，并提高植株抗病性，从而提高产量。

(5)三要素配合施用　氮肥对西瓜的产量影响较大。氮、钾配合施用能提高西瓜的产量，增进品质；但氮、钾肥的比例过高，则降低西瓜糖度。氮素过多所造成的中心糖度的下降更为明显。

2. 追　肥

(1)提苗肥　苗期根系范围小，对深层施用的缓效肥难以吸收利用，应施少量的速效肥以促进根系发育，加速地上部正常生长。北方地区，在西瓜4～5叶期每667平方米施用3～4千克尿素或硫酸铵，在瓜沟施入而后覆土。如苗期遇阴雨天可在根际附近撒施尿素或硫酸铵，每667平方米约2千克。苗期追肥切忌用量过多和距根部过近，以免伤根而致烧苗。

(2)伸蔓肥(预施结果肥)　团棵以后植株伸蔓，开始旺盛生长。为促使茎叶生长给结果奠定基础，又不致生长过旺而影响结果，应根据长势巧施伸蔓肥。各地在施肥技术上有较大差别，陕西省在植株伸蔓后主蔓长约30厘米时，在引蔓的一侧距根约35厘米处开沟，每667平方米施腐熟的菜籽饼、黑豆饼各25千克，并配合少量尿素，施后与土拌匀，再把沟耙平踏实。在饼肥缺少的情况下，据中国农业科学院果树研究所介绍，在伸蔓初期每667平方米施用硫酸铵10千克、硫酸钾10千克，于引蔓一侧距根约35厘米处开沟施入。施用饼肥等优质细肥，因为是完全肥料，故植株生长稳健，不会像偏施氮肥而引起徒长，且肥效持续期可长达30天，其中相当部分在果实膨大期被吸收利用，故称预施结果肥。

(3)结果肥　当坐果部位雌花开放4～6天、幼果如鸡蛋大小时，开始施用结果肥。目的是促进果实膨大，维持植株长势。方法是在畦的另一侧距植株40厘米处开沟；肥料种类和数量同伸蔓肥；如能在第一次结果肥后约10天、果实碗口大时，每667平方米再增施尿素8～10千克，则对保持植株长势、争取第二次结果有很大的作用。此外，还可采用2%～3%过磷酸钙浸出液，或0.5%尿素、0.2%磷酸二氢钾混合液，作为根外追肥喷施。结果肥应适时施用。如长势较旺，施结果肥以后仍有落果的危险，应适当推迟施用；相反则适当提前。结果肥应以使用速效氮肥为主，施用后很快被吸收利用。注意适当增加速效钾肥的配合。采收前约10天停止施肥灌水。

3. 浇水　北方地区西瓜生长季节降水量少，只有通过补充灌水才能保证植株对水分需求，以水调肥控制植株生长。其灌溉技术十分精细，一般掌握苗期不行灌溉，采取耕锄等保墒措施，促使根系向土壤深层发展。如苗期灌水，根系则分布在浅土层，影响耐旱性。在伸蔓期灌1次小水，在果实坐稳后及膨大期各灌1次，临近采收期停止灌水，以免造成裂果和降低品质。

西瓜浇灌技术应根据土壤、气候条件灵活应用。如土质疏松、保水性差的沙地，应增加浇水次数，每次浇水量不必过多；而保水力强的黏性土，则可间隔时间长些，水量适当增加。根据气象预报确定浇水时间，要求灌溉以后3～4天内无大雨。根据植株的长相，可判断是否灌溉。中午观察时叶片出现萎蔫，以后尚可恢复，表明植株缺水。叶片萎蔫的程度及其恢复时间的长短，表明了缺水程度的大小。

(六)植株管理

1. 整枝方法　针对西瓜分枝性强的特点，有意识地剪除部分瓜蔓，减少不必要的养分消耗，以调节植株生长势，使叶片分布合理，提高光合效能，改善近地面的通风透光状况，抑制或减轻病害发生与蔓延。整枝方式可分单蔓整枝、双蔓整枝、三蔓整枝、多蔓整枝、放任不整枝等数种。

(1)单蔓整枝　主蔓长50厘米时,保留主蔓,摘除所有子蔓的一种整枝方式。单蔓整枝叶数少、雌花少、坐果的选择余地小、果型较小,通常在生长期短的保护地早熟栽培或日光温室反季节栽培时采用。由于蔓少,可高度密植。

(2)双蔓整枝　保留主蔓,在基部选留一个子蔓与主蔓平行生长,以后摘除所有的侧蔓。双蔓整枝叶数较多、叶面积较大、雌花较多、主侧蔓均能坐果,果型较大,无论在南方和北方早熟栽培时普遍应用。

(3)三蔓整枝　保留主蔓,基部留两个子蔓与主蔓平行生长,其后摘除所有的侧蔓。三蔓整枝叶数和叶面积更大、果型大、雌花多,坐果节选留的机会多,是露地栽培中晚熟品种常用的整枝方法。

(4)多蔓整枝　主蔓5~6叶时,对主蔓进行打顶,侧蔓形成后选留4~5个健壮子蔓,向四周及两侧伸长,利用侧蔓结果。该法各蔓生长势接近,雌花出现节位和开花时间接近,可同时坐2~4个果。此法常在生长势强的品种稀植时应用。

(5)放任不整枝　放任自然生长不整枝节省劳力,一般在长势弱易坐果品种或旱地栽培应用。在栽培上通过肥水控制生长,以促进坐果。

2. 整枝注意事项

(1)整枝强度要适当　以轻整枝为原则,根据分枝数、地面覆盖率灵活掌握,不必强求一致。整枝强度过大会影响根系的生长,这是造成结果期凋萎的主要原因之一。

(2)要及时分次进行　地上部与根系生长存在互相影响和制约的关系。整枝过早抑制根系生长,过晚则达不到整枝目的且消耗植株营养。通常在主蔓长50~60厘米、基部侧蔓长约15厘米时进行,其后间隔3~5天1次,坐果前共进行3~4次。

(3)坐果后不再整枝　西瓜坐果以后植株长势趋向缓和,果实已成为养分分配中心，不存在旺长的问题。另一方面新抽生的枝蔓叶片所制造的同化物质对果实的膨大有一定作用，而且增加后期结果的可能性。

(4)整枝与种植密度联系起来　在相同密度条件下，整枝与不整枝、单蔓与多蔓整枝，总是蔓多的单株叶面积大、雌花多、坐果数相应增加。但改变种植密度之后则是另一种情况，整枝增加了密植的可能性。

(5)西瓜整枝对主蔓的去留　据观察早熟品种主蔓上第二、第三朵雌花出现较早、坐瓜早，应予保留，摘心后侧蔓上雌花出现则有推迟趋势；而对于生长势旺的品种，主蔓往往生长过旺，不易坐果，如提前摘心采取三蔓整枝，由于抑制了营养生长，可促进结果。生产上由于用肥不当、种植密度过高等原因而造成部分田块长势过旺，难以坐果。如按常规方法整枝，势必愈剪愈旺。可采用去强留弱的整枝法，剪除长势旺、幼果萎黄的主侧蔓，而保留生长势弱的蔓以缓和长势、促进坐果。这是不得已而为之的补救方法。

3. 压蔓　在畦面合理摆布瓜蔓位置，间隔一定的距离压入土中，使之合理分布、改善植株通风透光、增强同化效能、防风、促进不定根的发生、增强根的吸收能力，是瓜田管理中一项经常而重要的技术。

(1)压蔓方法　压蔓分明压、暗压、压阴阳蔓等。由于近年来西瓜大多采用地膜覆盖栽培，所以压蔓一般用明压法，就是不把瓜蔓压入土中，而是间隔一定距离压一土块或插一带杈的树枝将瓜蔓固定。一般先把压蔓处整平，将瓜蔓轻轻拉紧放平，然后把准备好的长条形泥块压上或将带杈的树枝插到压蔓处即可。

(2)压蔓注意事项　坐果节雌花出现前后2节不能压，以免损伤子房影响坐果；不能压住叶片，以免减少同化面积；瓜蔓应分布均匀以充分利用空间，若蔓叶多，把生长点引向空处畦沟时应回转不必翻动茎叶，减少茎叶损伤；操作时最好在午后进行，因清晨瓜蔓质脆易于折断损伤。

(七)人工辅助授粉

1. 人工授粉的好处 西瓜是虫媒花,在自然条件下,授粉昆虫主要有花蜂、蜜蜂、花虻、蝇及蝴蝶等。如果在晴天,早晨5~6时西瓜即开始开花。但若阴天、低温、有大风或降水等不良天气情况下,常因上述昆虫活动较少而影响正常的授粉坐瓜。采用人工授粉,除了能代替上述昆虫在不良天气条件下进行授粉外,还可以人工控制坐瓜节位、提高坐瓜率、减少畸形瓜、有利于瓜的发育。

2. 人工授粉方法 西瓜人工授粉要求时间性强,雌雄花选择准确、授粉方法恰当等。因此,对授粉人员最好能在授粉前进行技术训练。

(1)授粉时间 适宜的授粉时间为晴天上午6~10时,阴天8~11时。

(2)雌雄花的选择

①雌花的选择:授粉时应当选择主蔓和侧蔓上发育良好的雌花。一般主蔓坐瓜较早,侧蔓上的雌花为候补预备瓜。

②雄花的选择:除选用健康无病、充分成熟、具有大量花粉的雄花外,应选择当日开放的同株或异株、同品种或不同品种的雄花进行授粉。

(3)授粉方法 对于以生产商品西瓜为目的的瓜田,授粉时不必提前选花套袋,只要将当天开放且已散粉的新鲜雄花采下,将花瓣向花柄方向一捋,用手捏住,然后将雄花的雄蕊对准雌花的柱头轻轻蘸几下,看到柱头上有明显的黄色花粉即可。1朵雄花可授2~3朵雌花。

(4)授粉注意事项

第一,学好技术知识。授粉前先熟悉西瓜的开花习性和花器构造,掌握人工授粉技术。

第二，仔细授粉。授粉要认真仔细，小心操作，既要使大量花粉均匀地散落在柱头各处，又不要碰伤柱头。

第三，阴雨天授粉。若遇阴雨天，要在雨前用小纸袋或塑料袋将待授粉的雌花和雄花分别罩住，勿使雨水浸入，以提高授粉效果。雨后及时授粉，必要时也可在雨伞等防雨工具的保护下，在雨天进行人工授粉。

第四，抓住授粉时机。在低温、阴天和由于徒长或其他原因往往推迟雄花开花、散粉时间，应经常观察，注意花粉散出时间，尽可能及早进行人工授粉，以免贻误授粉的良好时机。

第五，注意留瓜节位。尽量做到选留部位一致，使坐瓜整齐、成熟一致。

（八）留瓜与护瓜

1. 留瓜节位　西瓜的留果节位与果型大小及果实品质有关。通常低节位留瓜果型小、皮厚、含糖量较低；而高节位留瓜成熟期晚、容易出现畸形，且易造成徒长，影响坐果。理想的坐果节位因栽培目的、品种及植株的生长势而异。早熟栽培以主蔓第二雌花（10～15节）为宜，而一般露地栽培以主蔓第二、第三雌花（10～20节）为宜。坐果前后如因遇低温、阴雨等不利气候、植株长势较弱时，留瓜节位应适当提高；反之，则应低。

2. 果实管理　西瓜的商品性强，对果型的要求高。在果实发育过程中为了促进果实的正常发育，提高商品性，对果实实行以下管理。

（1）疏果　在放任生长自然坐果的情况下，有时一株结几个幼果，应摘除部分幼果，使养分集中到所需要的果实中去，增大果型。摘除低节位幼果及子房发育不全、授粉不良、受机械损伤的幼果。并应及早进行，否则作用不大。

（2）顺瓜　当幼果坐稳后长至核桃大时进行，即把幼果的方向理顺摆好,使之能顺利发育膨大。可在幼瓜下面用土拍一个斜坡,使幼果躺在坡上而利于发育膨大。

(3)翻瓜、垫瓜　一般在采收前 10～15 天开始垫瓜、翻瓜。在西瓜接触地面的一面垫一个草圈,以防地面过湿而发生烂瓜,这在地膜覆盖栽培和多雨季节、多雨地区尤应注意。为保持商品瓜果皮色泽均匀,消除黄白阴面的产生,通常每隔 2～3 天翻瓜 1 次,每次顺一个方向翻转 90°左右,共翻 3～4 次。翻瓜应在晴天午后为宜,以免损伤果柄。翻瓜要看果柄上的纹路(维管束),要顺纹路而转,不可强扭。翻瓜要一手扶果尾、一手扶果顶双手同时轻轻扭转。采收前 4～5 天,当果实八成熟时最好能把瓜竖立起来,使果实发育更趋圆整。

(4)盖瓜　夏季高温烈日,西瓜暴露的果面温度很高,常灼伤果皮,引起果肉恶变,可在瓜面盖草或牵引瓜蔓遮荫。

(九)采　收

1. 果实成熟度与品质关系　果实成熟度与品质密切相关。适度成熟的果实充分表现品种的特性、瓤色鲜艳、适口性好;采摘偏早的生瓜瓤色浅、皮厚、肉质较硬、含糖量低,并带有酸味且品质低劣;采摘过晚则瓜瓤开裂空心、肉质软绵、含糖量下降。采摘的适宜成熟度应根据运销情况确定,短途运输以九成熟为宜,而长途运销以八成熟为宜,当地销售则以成熟为宜。采摘成熟度与品种亦有关系,有些品种适度早采,而另一些品种则适当迟采才能确保品质。

2. 果实成熟度判断　西瓜果实坐果位置不同,成熟期有先后,应陆续分次采摘。如何判断成熟度,是保证质量的重要一环。鉴别方法如下:根据雌花开放后的天数确定。因一个品种在一定的条件下,雌花开花至成熟的天数是固定的,如早熟品种 20～30 天,中熟品种 35 天左右,晚熟品种 40 天左右。具体是在坐果期,当幼果有鸡蛋大小时每隔 2～3 天在旁插上不同颜色的标杆，此法可以保证采收成熟度。

不同时期结成的果实，由于气温的变化，雌花开放至成熟天数不同，品种熟性只作参考。采收时还应根据形态特征判断：果实表面花纹清晰、果皮具有光泽、以手触摸感到光滑、果实着地一面底色呈深黄色、果脐向内凹陷、果柄基部略有收缩，这些都是成熟瓜的形态特征；反之则为生瓜。以手拍打果实加以判断：发出浊音的为熟瓜，而发出清脆音的为生瓜。根据果柄、卷须形态确定：果柄上茸毛稀疏或脱落的为成熟的表现，果实同节卷须枯萎 1/2 以上的为熟瓜。但这些指标不一定完全可靠，常随植株的长势不同而异。如采收初期秧蔓较旺盛，果实成熟时卷须并不枯萎；反之，后期生长弱，卷须虽已枯萎，果实也未必成熟。品种间果皮的硬度、果肉的质地不同，很难有一个统一的标准，仅根据某一性状来确定成熟度未必可靠，往往是综合以上几个方面的特征凭经验来判断的。

二、无籽西瓜栽培

无籽西瓜是人们喜食的水果，以其质优、价高、耐贮运的特点，近年来种植面积逐年扩大。但部分农户在进行无籽西瓜栽培时不了解无籽西瓜的生育特点，完全按照普通常规西瓜的栽培技术，造成发芽率低、不结瓜、结瓜小、易发病等现象发生。无籽西瓜的栽培技术，虽然与普通西瓜大体相同，但是无籽西瓜具有若干与普通西瓜明显不同的特性特点。因此，在栽培上必须采取一些与其特性特点相适应的技术措施，才能使无籽西瓜得以正常生育而获得优质丰产。

(一)提高种植效益的措施

1. 破壳催芽提高发芽率 无籽西瓜种子胚发育不完全,种皮较厚,发芽比较困难,故要进行破壳处理,以提高种子发芽率。未经破壳处理的种子发芽率仅20%~30%,而破壳处理的种子发芽率可以提高到80%以上。

(1)浸种破壳 无籽西瓜种子一般用55℃的温水浸泡4~6小时。若先破壳后浸种,则浸种时间为2小时左右。浸种时间越长,发芽率越低。因此提倡先浸种,再破壳。破壳的方法:将浸好的种子用纱布包住,在清水中搓洗,然后再放在清水中淘洗3~5遍,充分洗去种子表面的黏液及杂物,以利于种子发芽。再用干净的干布擦去表面的水分,在室内稍晾一会儿,以手捏种子不光滑为准,然后破壳。破壳可用牙齿嗑开,或者用指甲刀夹开,破口的大小以不超过种子1/3为宜。

(2)催 芽

①温度:无籽西瓜种子发芽的适宜温度为32℃左右,较普通西瓜催芽温度略高,但不超过35℃。

②湿度:无籽西瓜发芽力弱,湿度大易引起烂籽,因此控制湿度、增加通气条件是其发芽的关键。催芽方法同前述普通西瓜催芽方法,但温度要高,湿度要小。在卷布卷时可在拧干的湿布内垫一层干布,然后将种子放在干布上包起来。这样在催芽过程中种子表面出的水会被干布吸收,种子周围通气不会因水分过多而受影响,种子就不会窒息而死。

2. 提高床温,促进成苗 催出芽的种子播种以后仍有相当数量的种子不能出土,或者出苗很迟,最后夭亡,成苗率一般只有60%~70%。出苗率和成苗率不高的主要原因是西瓜的播种季节气温较低、地温不高,造成出苗困难。可以采取以下几种方法来克服。

(1)增加床温　无籽西瓜播种后出苗要求较高的温度,白天以保持30℃~35℃、夜晚不低于18℃~20℃为宜,这样可提高无籽西瓜种子的出苗率。用电热线温床或火炕式温床育苗效果较好。

(2)适当推迟播种期　无籽西瓜幼苗不耐低温,需较高的温度才能生长,应在当地气温稳定升高时种植,通常比普通西瓜露地栽培播期适当推迟数天。不同播种期与成苗率有关系。在3月下旬至4月初播种,由于当时气温低,光照不足,成苗率仅29.3%~39%;而推迟至4月上旬播种,成苗率达65.3%~69.2%。早播幼苗生长缓慢,种壳不易脱落;而适当迟播由于温度较高,幼苗生长正常,很少出现"戴帽"现象。

3. 改进播种技术　苗床营养土疏松,有利于增温促进根系生长,便于出苗。播种宜浅,覆土厚度以1厘米为宜。覆土浅表层土含水量低,壳不易脱落,胚根易裸露,应多次覆湿润的细土,以保护根系。出土小苗"戴帽"将严重影响以后幼苗的生长,应及早给予脱除。

4. 适当稀植,多蔓多果　无籽西瓜耐暑热,生长中后期长势旺盛,不易发生早衰而且连续坐果性较强。移栽定植时应加大株行距,单位面积上株数要适当减少,每株留蔓数则应适当增多。这样,一方面能减少种苗费用,而更主要的是可以发挥其多蔓多果的特性优势,从而获得优质丰产。南方多雨条件下无籽西瓜的行距2.2~2.5米,株距1米左右,每667平方米300~600株,单株留蔓数5~7条。

5. 配置授粉品种,人工辅助授粉　配置授粉品种,一般按无籽西瓜:普通西瓜=6:1的比例间隔栽植即可。也可把授粉品种种植在瓜田的一角,在开花期间先集中采摘雄花后再为无籽西瓜授粉。如果采用这种方法,则无籽西瓜与授粉品种的比例可增大到20:1。具体的方法是每天早上6时左右在授粉植株上采当日能开放的雄花放在密闭的容器中,待无籽西瓜雌花开放时(约7时),

逐株在蔓顶部向后 5～6 节处查找当日开放的雌花进行人工授粉。即取出雄花，去掉花瓣或者将花瓣用手折回，露出雄蕊，在雌花的柱头上轻轻抹，一定要抹均匀。1 朵雄花可授 3～5 朵雌花。在遇到阴雨天气，下午要用纸帽套翌日开放的雄、雌花，翌日早上雨停时，采雄花授粉，授完粉以后要将纸帽套在雌花上，以防雨水将花粉淋失或使花粉因见水破裂而失去授粉能力。纸帽是将废报纸、书本等废纸先裁成宽 5 厘米、长 10 厘米的纸条，再沿对角线裁成 2 个三角形纸条，然后在食指上缠绕成一个圆锥形，由手指上取下，将底边折进，即成一个圆尖纸帽。

6. 适当控制生长，促进坐果 伸蔓后采取促控相结合的管理措施。在施肥方面可减少基肥的施用量，出蔓肥应根据长势适量减少施用，并采用撒施方法，避免集中施用引起徒长；另一方面进行整枝和人工辅助授粉，以促进坐果。无籽西瓜植株坐果以后植株养分分配中心由茎叶转向果实，已无徒长危险，可重施结果肥，以促进果实的膨大和维持继续生长，增大果型和后期结果。施肥总量较普通西瓜增加约 20%。

(二)直播栽培

1. 直播关键

(1)适时播种 由于大田直播的幼苗生长是完全依靠自然温度，播种时气温的高低对出苗率和出苗期影响很大。在气温稳定通过 14℃以上时播种，3 天内出苗率可达 96%以上；如在气温稳定通过 10℃时播种，出苗天数延长至 5 天，出苗率为 90.7%；而当气温稳定通过 6℃时播种，出苗天数则延长至 8 天，出苗率仅为 54%。由此可见，气温稳定通过 14℃为最佳直播期，稳定通过 10℃为适播始期。在中原地区可以桃树、油菜开花始盛期和冬小麦拔节期为物候指标，此期间晴天多而气温已升高且稳定，是最好的直播期。

(2)底墒充足　出苗率随土壤含水率增加而提高，出苗期也随土壤含水率增加而提前。土壤含水率降至14%（相当于田间最大持水量的52%）时，出苗率极显著降低，出苗期延长。因此，一般无籽西瓜直播区必须提前灌足底水，若播种时底墒不足，应先浇水后再播种。

(3)选用大芽　大芽直播可缩短出苗期、减少养分消耗、促进壮苗，并可使出苗率显著提高。

(4)适宜浅播　播种后覆土过深，增加了出苗的阻力，延长了出苗时间，也增加种子的养分消耗，使一部分种芽无力出苗而夭折。但覆土过浅，"戴帽"出土苗增多。

(5)及时覆盖地膜　播种后必须立即高质量覆盖好地膜，防止表土层失水过多而影响出苗。只要底墒充足、覆土较浅、及时覆膜，从而形成适宜的土壤温、湿度环境，就有利于幼芽出土。

2. 直播无籽西瓜的田间管理

(1)出苗后要及时破膜放苗　放苗时间宜在无风晴天早晚膜内、外温差较小时进行，放苗后应即培土封住膜口。

(2)加强中后期的病害防治　直播比育苗的生育期延后，遇到高温干旱年份易感染病毒病，应注意及早防治传播病毒的蚜虫和适时适量浇水以控制病毒病蔓延。直播西瓜的生长后期正值北方雨季，应注意炭疽病等叶部病害的防治。

(3)防止徒长与发挥增产潜力　由于直播无籽西瓜的根系不受损伤，因此根系比较发达，垂直根系增多，15厘米以下的根量比育苗移栽的增加20%～30%，吸收土壤深层水肥的能力增强，故植株生长势较旺，易于发生徒长。应相应采取适当稀植、控制水肥、整枝压蔓、人工辅助授粉等措施加以调节，以利于坐果。由于直播西瓜的长势旺，因此增产潜力大，如果措施得当（如膨瓜期适当增施肥料和后期在保护好叶片的基础上加喷根外追肥），可以获得一茬瓜增产和增收二茬瓜。

3. 生产上存在的问题及其解决途径

(1)植株徒长,不易坐果　无籽西瓜中后期生长旺盛,肥水管理不当时植株徒长而难于坐果。针对这个问题,在施肥数量上应适当减少(一般可减少20%),并适当稀植。当植株徒长时,在人工授粉之后掐伤其顶部茎蔓,控制徒长。必要时可在授粉后摘心。还可采用局部断根并减少肥水供应。

(2)着色秕籽　三倍体西瓜还能形成可育的正常配子。根据计算,可育配子的比率为1/1024,即三倍体西瓜中有时出现1~2粒正常种子的机会是存在的。无籽西瓜果实中出现着色秕籽的原因,前人进行过不少研究。着色秕籽的出现与否、出现的数量多少与品种有关。此外,着色秕籽的出现与留瓜的部位也有关系。早期坐果的无籽西瓜,出现着色秕籽的比率甚高,且单瓜中秕籽的数量也多。在合适的时期和部位所坐的瓜很少,即便是出现秕籽,其数量也是有限的。坐果过晚的无籽西瓜则又常常出现着色秕籽,但它的比率和秕籽数量远比早期坐果的无籽西瓜为少。这一现象说明果实发育期间温度对着色秕籽形成有一定的作用。

(3)果实畸形、皮厚、空心　三倍体无籽西瓜果实的商品性状,有时会出现一些缺陷,如果实畸形、果皮特厚、瓤肉空心等。畸形果多半呈三棱形或四棱形,其中以三棱形为最常见,这不仅影响外观,瓤肉的品质也将受到影响。畸形果的产生与品种有关,但也受栽培管理技术的影响。除选用合适的品种外,应用多蔓整枝、选择主蔓第三雌花留果并辅以周到的人工授粉,可减少甚至消除畸形果的出现。空心也是无籽西瓜果实常常出现的缺陷之一,主要是由于低温、弱光、营养条件不良所致。应防止在低节位留果,切不可过于密植,尽量改善光照条件。皮厚是三倍体无籽西瓜的普遍现象,但其厚的程度和品种有关,除选用皮薄的品种外,应防止在低节位留果,不可过于密植,改善光照条件。

三、旱砂田西瓜栽培

旱地砂田栽培是勤劳的西北地区农民在与长期干旱抗争中总结出的一项抗旱栽培技术。利用砂田种植西瓜，主要在甘肃省兰州、宁夏回族自治区中卫以及青海省东部农业区，长期以来在农业生产中产生了巨大效益。砂田的增温、保墒、压碱作用，明显改善了小气候，从而获得了早熟、增产与改进品质的效果。经过几百年的应用改进，压砂抗旱、抗盐碱的效果不断提高，效益也不断增加。近年来，干旱越来越严重，广大农民把开发砂田作为一项主要的抗旱栽培措施，大力发展旱砂田。特别是在宁夏回族自治区的中卫市，近几年旱砂田栽培迅速发展，栽培面积达 60 000 公顷。旱砂田的效益期一般为 15 年，管理好可达 20 年。农民称为是“父辈出力，儿孙见效”的一项长期工程。

（一）铺压砂田与整地施肥

1. 选地、铺砂　砂田的铺设多在冬季土壤冻结后至翌年春解冻前进行。在深耕施基肥后复耕耙耱，平整压实土地，初冬土层开始结冻，用石磙压实地面，拉运崖砂或河床砂砾铺压地面，小砂砾∶细砂之比为 4∶6，铺压的厚度旱砂地砂厚 15～20 厘米，可使用 10～15 年。春、秋两季在窄行施肥。砂田栽培是一种特殊的半免耕覆盖栽培。不同砂龄和土质的砂田的增温保墒功效差异较大。选砂田时既要考虑到铺砂的年限、土质，又要考虑到茬口，最好选择大白土质底 3～5 年的新砂田。

2. 施肥　在西瓜播种前 1 个月划出间隔 60 厘米、宽 60 厘米的施肥带，垂直于施肥带用刮砂板将砂石刮起，堆在施肥带旁。刮砂时小心不要翻动土壤。用扫帚将细砂扫净。每 667 平方米施有机肥 3 000 千克、饼肥 100 千克、尿素 15 千克、过磷酸钙 100 千克、硫酸钾20千克混匀后撒在施肥带上，用铁锹翻入土中（约10厘米深）。然后先用榔头砸碎土块，再用耙子耙平土壤，然后用铁板把土壤压平压紧，最后用刮砂板将砂石覆盖在土壤上。

（二）种　植

1. 种子处理及播种方法　播种前先将种子晒1～2天，然后用50%多菌灵可湿性粉剂600倍液浸种30分钟，再用清水冲洗后于4月上旬至中旬气温稳定回升后选晴天上午播种。播种的株行距根据品种特性和整枝方式而定，早熟品种株距0.6米、行距1.5米，中晚熟品种株距0.7～0.8米、行距1.6米，在窄行外侧三角形播种。具体的播种方法是在播种穴先用瓜铲刮开砂层，呈马蹄形砂窝，露出15厘米见方土面，翻松穴内土壤再将土拍实，开一条长10厘米、宽1.5厘米、深2厘米播种沟，每穴播种1～2粒，覆盖湿润细土，再覆盖2～3厘米厚的细砂，四周以粗砂挤紧砂窝，以利于增温保湿。种植行上加盖地膜，密封保墒。

2. 田间管理

（1）放苗封孔与定苗　幼苗出土顶膜时要及时放苗，用刀片将地膜划成“十”字形，将幼苗从地膜下轻轻放出。因西北地区风砂大、气候干燥、蒸发量大，因此放苗后要用细砂封平孔口，以利于增温保墒。宜在3叶期定苗，每穴留1株健壮苗。

（2）合理追肥　基肥充足时，苗期一般不追肥。旱砂田无灌溉水源，不宜追施固体肥料，一般在伸蔓前期根据植株长势，叶面喷施0.2%尿素和0.2%磷酸二氢钾混合溶液，以促进茎蔓生长和提高花芽分化质量；膨瓜期是决定产量的关键时期，应喷施0.1%尿素溶液和0.2%磷酸二氢钾溶液；果实成熟期分2次喷施0.3%磷酸二氢钾溶液，以提高果实品质。

（3）压蔓疏果垫瓜　砂田西瓜生育期因无法保证充足的水分供给，一般西瓜的分枝能力较弱，不会发生徒长现象，因此不整枝。

但是西北地区风砂大,必须压蔓,且要压紧,否则刮风使幼瓜碰到砂石,易出现畸形果。第一次压蔓应在蔓长 0.4 ~ 0.5 米时进行,以后应在下午进行。

(4)病虫害防治　旱砂田西瓜病虫害因传播途径少,发生相对较少,易于防控。常见的病害有枯萎病和炭疽病,一般多发生于植株生长后期。枯萎病发生时可用 50%多菌灵可湿性粉剂 600 倍液和 70%甲基托布津可湿性粉剂 500 倍液灌根防治,每株用量 250 毫升,每隔 5 ~ 7 天灌 1 次。炭疽病可用 2%农抗 120 水剂 200 倍液或 70%代森锰锌可湿性粉剂 500 倍液喷雾防治。常见的害虫为瓜蚜,可用 20%杀灭菊酯乳油 4 000 倍液喷雾防治。

(三)抗旱措施

砂覆盖虽能有效减少土壤水分蒸发,但受西瓜生育期降水量不足的限制,旱砂田西瓜产量很难进一步提高,特别是西瓜生长的中后期,随着叶面积的增大和气温的升高,西瓜的耗水量不断增加,土壤中贮存的水分逐渐减少,土壤含水量远远低于西瓜生长的最适含水量,西瓜虽能形成一定的产量,但产量水平很低。同时由于近年来全球气候变暖趋势加剧,旱灾发生日益严重,许多老砂田甚至出现绝收的现象。针对这一问题,我们在种植抗旱品种的同时,还应采取以下措施。

1. 使用抗旱保水剂　保水剂是一种功能性高分子聚合物,它能吸收达自身重量几百倍的水分,而且不能用一般物理方法挤出,故具有很强的保水性能。在周围水分多时,它吸收水分;在周围干旱少水时,它又可缓慢释放所吸收的水分,因此在农业上可以用来抗旱。保水剂可与肥料、农药和植物生长调节剂等复配使用,并使它们缓慢释放。通常用来拌土、拌种、包衣和蘸根等,以保持土壤、种子或植物根系的水分,供生长发育所需。具体使用方法有以下几种。

(1)拌种　把凝胶型抗旱保水剂用水稀释3倍,加入需要拌种的种子中,边加边搅拌直到拌匀,堆闷4~5小时,种子无粘连即可播种。每0.5千克抗旱保水剂拌种量为15~20千克,具体操作过程中,保水剂用量可视种粒大小及种子表面光滑程度而定。

(2)浸种　将种子放入凝胶型抗旱保水剂中,浸种12小时,阴干后播种,播后浇透水,用量为保水剂:种子=1:5~10。

(3)喷雾　每0.5千克抗旱保水剂对水20升,用于田间喷雾,可减少叶面蒸发,促进新陈代谢,增强光合作用,在水分调控上达到开源节流,提高抗干旱、抗干热风的能力。

2. 集雨补灌　西北旱砂田西瓜种植多集中在没有灌溉水源的干旱地区或山区,我们可在有条件的地方充分利用田间地头空地修建集雨水窖,收集降水,在极端干旱的年份通过滴灌或人工浇灌,达到保苗增产的目的。

3. 制定合理的施肥量　目前在砂田西瓜生产中,瓜农普遍存在多施肥才能增产的错误认识,特别是氮肥使用量过大,如果遇到旱灾,过多的化肥不但起不到增产的作用,反而使土壤盐分含量增大,发生"烧根"现象,既减产还影响果实品质。通过测土配方施肥技术,根据旱砂田的特殊情况,尽量增加农家肥、微生物肥料的使用量,减少或者不使用化肥,以改善土壤结构,增加根系的生长量和活力,提高吸收水分和养分的能力。

思考题

1. 简述西瓜生产中地膜的覆盖形式和具体覆盖方法。
2. 试述西瓜追肥的原则和各个追肥时期的追肥量。
3. 露地西瓜生产中整枝方式和应注意的事项有哪些?
4. 无籽西瓜栽培技术的要点有哪些?
5. 旱砂田西瓜栽培应采取哪些抗旱措施?

第七章　西瓜病虫害防治技术

一、西瓜病害及其防治

(一)猝倒病

1. 症状　猝倒病是西瓜苗期的一种主要病害。其病症表现为:刚出土的西瓜幼苗被病菌侵染后最初在幼苗接近地面处出现水渍状的病斑,以后病斑迅速绕茎1周,变为褐色。病部软化、缢缩成线状,以致子叶尚未凋萎幼苗就会倒伏。倒伏后的病株仍是绿色,病株除病部外与健壮植株无明显区别。发病严重时,幼苗未出土而胚芽和子叶就变褐色腐烂而死。棚内湿度大时,幼苗及其周围的土壤会出现一层白色絮状物。

2. 防治措施　①育苗土要严格选择,不用旧床土、园田土,选用无病新土育苗。②采用快速育苗法,防止在育苗时低温潮湿条件的出现。③药土盖种。直播的用50%拌种双粉剂3克拌细土1千克制成药土,撒在种子上覆盖一层,然后再覆土。④出苗后发病的可喷洒72.2%普力克水剂800~1 000倍液,或72%克露可湿性粉剂700倍液,或58%甲霜灵锰锌可湿性粉剂500倍液等。对上述杀菌剂产生抗性的地区可以使用69%安克锰锌可湿性粉剂1 000倍液,或70%甲基托布津可湿性粉剂800倍液,或70%敌克松粉剂800~1 000倍液喷洒根部或周围土壤。

(二)枯萎病

1. 症状　西瓜全生育过程均可发病。西瓜幼芽受害,在土壤中即行腐败死亡,不能出苗。出苗后发病,顶端呈失水状。子叶和叶片萎垂。茎蔓基部萎缩变褐猝倒。病蔓基部变褐,茎皮纵裂,常伴有树脂状胶汁溢出,干后呈红黑色。横切病蔓,维管束呈褐色。后期病株皮层剥离,木质部碎裂,根部腐烂仅见黄褐色纤维。天气潮湿时,病部常见到粉红色霉状物,即病原菌分生孢子座和孢子团。

2. 防治措施 ①选用抗病性品种。目前在西瓜品比中发现,不同的品种对连作反应不同,一般大果型晚熟品种较抗病,早熟的小果型品种不抗病。②应施用有机肥。畜禽粪不仅能供给西瓜氮、磷、钾和微量元素等全效营养,而且可改善土壤理化性状,增强土壤的透气性、透水性和保水性,有利于促进西瓜根系发育和养分吸收。③需要清沟沥水,加强田间管理,降低水位,提高植株抗病力。④消灭病株残体。发现病株立即拔除,并及时清除田间枯枝、杂草、落叶,集中深埋或烧毁,以防后患。⑤西瓜切忌连作,应采取轮作。实施轮作选用5~8年没种过西瓜的土壤,最好与非瓜类作物间隔5~6年轮作。⑥嫁接防治。西瓜嫁接以瓠瓜或南瓜作砧木,西瓜作接穗。由于西瓜枯萎病菌不侵染瓠瓜、南瓜砧木根,所以在生产上抗病效果显著,一般防效在95%以上。⑦可用25%或40%多菌灵,或70%甲基托布津按药与土1:100比例配成药土,施入播种沟穴(每穴施药土150克),浅盖土中,然后播种。在发病初期用70%甲基托布津可湿性粉剂800倍液,或苯来特500~1 000倍液,或70%敌克松1 000~1 500倍液,或50%多菌灵可湿性粉剂500~1 000倍液或20%抗枯灵400~600倍液在植株根茎部及其附近浇灌。

(三)白粉病

1. 症状 西瓜白粉病是西瓜的主要病害,多发生于保护地栽培中。一般是下部老叶先发病,而后逐渐向上蔓延扩展。发病初期，受害叶片病部发生白色粉点状霉点，扩大后呈圆形白色粉状霉斑，逐步蔓延扩大，甚至整片叶上都是白粉，叶片呈黄褐色、焦枯变脆，但不脱落。发病后期，病部白粉层中出现散生的黄褐色小粒点。西瓜一经感染此病，可迅速传染蔓延。最后当寄主植物的大量营养物质被病菌吸取后导致瓜叶焦枯、植株早死、缩短生育期，严重影响西瓜的产量和品质。

2. 防治措施　①生产上应选用抗病的优良品种，培育出无病的壮苗。②合理密植，采取高畦深沟种植方式。畦上覆盖地膜。重点加强瓜期的田间管理。合理整枝，适时摘除病重叶和部分老叶，以利于通风透光。降低田间湿度，减少病菌的重复侵染。③雨后注意排水，防止瓜田受浸和田间渍水。连续降水过后应抢晴施药，以防止该病在瓜田迅速流行蔓延。④做好施肥工作，以有机肥为主，有机肥和无机肥相结合，氮、磷、钾配施。西瓜后期追肥应以复合肥为主，尽量少施或不施尿素，以提高植株的抗病能力。⑤药剂防治的重点是做好发病前和发病初期的施药工作，施药后如病情继续发展，应每隔 7 ~ 10 天连续喷药 2 ~ 3 次，以达到有效控制该病发生蔓延的目的。在生长前期喷洒 2 ~ 3 次 50% 硫悬浮剂 300 倍液或硫黄粉，可预防白粉病的发生。发病初期选用 15% 粉锈宁可湿性粉剂 1 000 ~ 1 500 倍液，但要掌握好浓度和使用次数，尽量少施或不施用。粉锈宁易使叶片老化，一定要慎用。也可用 30%特富灵可湿性粉剂 500 ~ 600 倍液喷雾。为了避免病菌产生抗药性，药剂宜交替使用。

（四）炭疽病

1. 症状　炭疽病在西瓜的整个生长期内均可发病，但以生长的中后期发病重。主要侵染叶片、茎蔓和果实。成株期发病，首先在叶片上出现黄色水渍状圆形斑点，病斑扩大后变褐色或黑色晕圈，有时出现同心轮纹，干燥时易破碎。茎或叶柄上的病斑椭圆形，稍凹陷，上生许多黑色小斑点。严重时造成叶片干枯，最后引起全株死亡。果实上发病，开始出现暗绿色水渍状小点，病斑扩大后呈圆形或椭圆形凹陷，暗褐色至黑褐色，凹陷处龟裂。在潮湿的条件下，病斑中部可产生粉红色黏稠物（即病菌的分生孢子堆），严重时病斑连片、腐烂。幼瓜染病出现水渍状淡绿色圆形病斑，常变畸形、变黑，收缩腐烂，早期脱落。

2. 防治措施 ①种子播种前先用40%甲醛100倍液浸种30分钟，后用清水洗净催芽播种。②瓜地应与其他作物轮作3年以上。以排灌方便的砂质壤土为宜。增施磷、钾肥，可以增强植株抗病力。西瓜结实后要铺草垫瓜，防止因直接接触土壤而感病。棚室应加强通风排湿，降低棚内湿度，破坏病菌萌发侵入的条件，减轻病害发生程度。③在发病初期用70%甲基托布津可湿性粉剂800倍液，或80%代森锰锌可湿性粉剂500倍液，或50%苯菌灵1 500～2 000倍液喷雾防治，隔7～10天喷1次，连喷3～4次。对发病较重的地块，混入0.3%～0.4%磷酸二氢钾防治效果会更好。也可采用50%多菌灵可湿性粉剂500～600倍液，65%代森锌可湿性粉剂500倍液，80%炭疽福美可湿性粉剂500～600倍液，每隔7～10天喷1次，连喷2～3次。

（五）疫　病

1. 症状 疫病菌以侵害瓜根颈部为主，还可侵染叶、蔓和果实。根颈部发病初期产生暗绿色水渍状病斑，茎基呈软腐状。植株萎蔫青枯死亡，维管束不变色。有时在主根中下部发病，产生类似症状，病部软腐，地上部青枯。叶片染病时则生暗绿色水渍状斑点，病部软腐，扩展为近圆形或不规则大型黄褐色病斑，天气潮湿时全叶腐烂，干燥时病斑极易破裂。严重时叶柄、瓜蔓也可受害，症状与根颈部相似。果实染病生暗绿色近圆形水渍状病斑，潮湿时病斑凹陷腐烂长出一层稀疏的白色霉状物。

2. 防治措施　①播前种子用55℃温水浸种15分钟，或用40%甲醛100倍液浸种30分钟，冲洗干净后晾干播种或催芽播种。②选择5年以上未种过瓜类作物的地块，以砂壤土为好。秋季深翻，减少越冬菌源。③采用高畦栽培，土地平整，排水良好。覆盖地膜种植，以促进瓜的早期生长发育。④施入充分腐熟的优质有机肥作基肥。合理追施化肥，避免伤根。增施叶面肥，喷磷、钾肥和微肥，增加植株的抗病能力。⑤保护地栽培，在保温的基础上，加强通风，降低温度。⑥保护地采用高畦栽培。合理灌水，水灌在瓜沟，根颈部不被水淹没，减少染病机会。有条件可以利用滴灌。露地栽培降水后及时排水，防止积水。⑦发病初期可喷洒72%克露（霜脲锰锌、霜疫清）可湿性粉剂700倍液，69%安克锰锌可湿性粉剂1 000倍液，（80%大生600倍液）50%甲霜铜可湿性粉剂700～800倍液，35%瑞毒唑铜可湿性粉剂800倍液，40%乙磷铝可湿性粉剂200～300倍液，72.2%普力克水剂800倍液，隔7～10天1次，连续防治3～4次。

（六）蔓枯病

1. 症状　主要侵染茎蔓，也侵染叶片和果实。叶片染病，出现圆形或不规则形黑褐色病斑，病斑上生小黑点；湿度大时，病斑迅速扩及全叶，致叶片变黑而枯死。瓜蔓染病，节附近产生灰白色椭圆形至不整齐形病斑，斑上密生小黑点；发病严重的，病斑环绕茎及分杈处。果实染病，初期产生水渍状病斑，后期中央变为褐色枯死斑、呈星状开裂。内部呈木栓状干腐，稍发黑，后腐烂。

2. 防治措施　①实行4～5年轮作。②及时清除病株，深埋或烧毁。③采用配方施肥技术，施足充分腐熟有机肥，避免偏施氮肥。④选用抗病品种。用55℃的热水浸种消毒可杀死种子上的病菌。⑤通过整枝、排水等栽培措施，创造干燥和通风透光的植株生长环境。⑥加强管理，合理密植，适时适量通风，降低棚室内温、湿度。⑦发病初期，全田喷洒 40%杜邦福星乳油 8 000 倍液，或 75%百菌清可湿性粉剂 600 倍液，或 50%混杀硫悬浮剂 500～600 倍液，或 70%代森锰锌 500～600 倍液，隔 3～4 天后再防 1 次。

（七）叶枯病

1. 症状 西瓜叶枯病主要危害西瓜的叶部。子叶染病初期多在叶缘产生水浸状小点，后变成淡褐色至褐色、圆形或半圆形水浸状病斑，扩展到整片子叶后干枯。真叶染病初发时在叶背面叶缘或叶脉间出现明显的水浸状小点，湿度大时可使叶片失水青枯，湿度小、气温高时易形成 2～3 毫米的圆形至近圆形褐斑布满叶面，后融合为大斑，病部变薄，形成枯叶现象。茎蔓染病产生梭形或椭圆形稍凹陷斑。果实染病在果面上出现四周稍隆起的圆形褐色凹陷斑，可逐渐深入果肉引起腐烂，湿度大时病部长出灰黑色至黑色霉层。

2. 防治措施 ①建立无病留种田，选用适宜当地栽培的耐病品种。②收获后注意清除病残体，集中深埋或烧毁。不要在田边堆放病残体。③采用配方施肥技术，施用酵素菌沤制的堆肥，避免偏施、过施氮肥。在坐瓜前开始喷施叶面肥，提高抗病性。④对有带菌可能的种子可用温汤浸种，也可用 75%百菌清可湿性粉剂或 50%扑海因可湿性粉剂 1 000 倍液浸种 2 小时，冲净后催芽播种。⑤有条件的提倡采用避雨栽培法。露地西瓜雨后要特别注意开沟排水。⑥发病初期可喷施 75%百菌清可湿性粉剂 500～600 倍液，50%扑海因可湿性粉剂 1 000 倍液。发病后或湿度大时可喷施 50%速克灵可湿性粉剂 1 500 倍液，70%代森锰锌可湿性粉剂 400～500 倍液，每隔 5～7 天喷 1 次，连喷 3～4 次。并注重雨后补喷和田间排水。

(八)细菌性果腐病

1. 症状　西瓜在整个生长期间均可受此病菌侵染。病菌可危害子叶、真叶及果实,主要危害果实。子叶发病时,叶脉中间出现水浸状黄褐色小斑点,之后叶脉逐渐发展成不规则形黑褐色坏死斑。随后侵染真叶,嫩真叶受侵染时斑点很小、棕褐色、周围有黄色晕圈。开花后的果实最易感病,最初在果皮表面出现数个直径1毫米暗色点状病斑,随后迅速扩大至直径2~5厘米的暗绿色、边缘规整的水浸状病斑,并且不断扩展。发病初期,病菌仅侵染果皮,果肉组织仍正常,但西瓜商品价值将受到严重影响。病中期,病菌蔓延到果实内部而使果肉也变成水浸状。发病后病斑出现很多褐色点状菌斑并开裂,有泡沫状浸出物溢出,果实很快腐烂。

2. 防治措施　①加强种子检疫,不使用疫区种子是预防该病的必要措施。②目前尚无系统的科学试验确定各品种的抗病级。据观察,瓜皮为淡绿色的品种最易感病,瓜皮为淡绿色至深绿色条斑的品种较耐病,瓜皮为单一深绿色的品种最耐病。以上判断方法在生产上可作参考,但不能以此判断某品种在实际生产中是否会感病。③可与葱、蒜或豆类等非葫芦科蔬菜轮作,最好实行水旱轮作。④选择土层深厚、地势较高的田块进行种植,开好排水沟,减少田间积水。⑤发现果腐病病株应立即拔除并深埋,当年生瓜田应尽可能距上年发生果腐病的田块远些。⑥播种前可用72%农用硫酸链霉素200微升/升浸种30分钟,再用清水浸泡5~6小时,洗净后催芽播种。发病之前和发病初期可以用50% DT乳剂或77%可杀得等铜制剂喷施,也可以使用72%农用硫酸链霉素喷施。但要注意,铜可以使西瓜植株生长受阻,需适量。每隔7天喷1次,连续喷3~5次。果实发病初期用刀片轻轻刮掉西瓜病皮表面,然后用72%农用硫酸链霉素300~400倍液在病部涂抹,有较好的控制作用。

（九）花叶病毒病

1. 症状 顶部叶片呈现浓淡相间的花叶，病叶变得窄小，或皱缩成畸形。轻病株尚结瓜、但瓜小，发病重时结瓜少或不结瓜。植株萎缩。茎变短，新生茎蔓纤细扭曲。花器发育不良，难于坐瓜。

2. 防治措施 ①集中育苗，或在田间铺银灰色膜避蚜。②从无病瓜选留种，并用10%磷酸三钠液浸种10分钟，或种子经70℃恒温处理72小时。③田间及时选用2.5%功夫乳油2 500～8 000倍液，或25%抗蚜威乳油3 000倍液喷洒治蚜。④发病初期开始喷洒抗毒丰（0.5%菇类蛋白多糖水剂）250～300倍液，或20%病毒A可湿性粉剂500倍液，或1.5%植病灵乳剂1 000倍液，隔10天左右1次，连续防治2～3次。

二、西瓜虫害及其防治

（一）根结线虫

1. 为害症状 主要为害根部。子叶期染病，致幼苗死亡。成株期染病主要为害侧根和须根。发病后西瓜侧根或须根上长出大小不等的瘤状根结。剖开根结，病组织内有很多微小的乳白色线虫藏于其内，在根结上长出细弱新根再度受侵染发病，形成根结状肿瘤。有的呈串珠状，有的似鸡爪状，致地上部生长发育不良。轻者病株症状不明显，重病株则较矮小黄瘦。瓜秧朽住不长，坐不住瓜或瓜长不大。遇有干旱天气，不到中午就萎蔫，严重影响西瓜的产量和品质。

2. 防治措施 ①有条件的地区对地表10厘米或更深土层淤灌几个月，可起到防止根结线虫侵染、繁殖和增长的作用（根结线虫虽然未死,但不能侵染)。②在根结线虫发生严重田块,实行与芦笋2年或5年轮作,可收到理想效果。此外,芹菜、黄瓜、番茄是高感菜类,大葱、韭菜、辣椒是抗耐病菜类。病田种植抗耐病蔬菜可减少损失,降低土壤中线虫量,减轻下茬受害。③重病田定植时,穴施10%力满库颗粒剂,每667平方米5千克;或用50%克线磷颗粒剂,每667平方米300~400克。使用D-D混剂熏蒸,先在垄上开沟16~20厘米深,每667平方米施用原液20升,施后覆土熏7~14天后再栽瓜苗或直播,施药时要求地温为15℃~27℃,土壤最大持水量5%~25%。此外还可选用80%二氯异丙醚乳油,每667平方米90~170毫升,稀释1000倍,用法同D-D混剂。

(二)蚜 虫

1. 为害症状 为害西瓜的蚜虫主要是棉蚜。属同翅目蚜科。成蚜和若蚜均喜欢在瓜叶背面和嫩叶幼茎上吸食汁液。蚜虫为害造成叶片卷缩。瓜苗嫩叶及生长点被害后因被害部位生长缓慢,未被害部位生长正常,所以造成叶片卷曲。生长点及嫩茎生长受抑制,严重者能萎蔫枯死。蚜虫从植株中吸食大量汁液,并分泌蜜露覆盖叶面,使西瓜的光合及呼吸受到影响。严重者造成花蕾脱落,甚至干枯死亡。瓜蚜还是传毒媒介,能使西瓜感染病毒病,使产量降低,品质变劣。

2. 防治措施 ①保护或放养蚜虫天敌,如七星瓢虫、十三星瓢虫、食蚜蝇、草蛉、寄生蜂等。②瓜垄覆盖银灰色塑料薄膜。或在田间竖立高杆,杆上挂长1.5米、宽8厘米的银灰色塑料膜条,用以避蚜。③当蚜虫点片发生时,用50%抗蚜威可湿性粉剂2000~3000倍液,或20%速灭杀丁乳剂3000倍液,或2.5%功夫乳油4000倍液,或0.65%茴蒿素水剂300~400倍液,或1%苦生碱粉剂600~1500倍液,或2.5%鱼藤精乳油750倍液喷洒防治。

(三)美洲斑潜蝇

1. 为害症状 美洲斑潜蝇以幼虫潜入叶片表皮下,曲折穿行,取食绿色组织,造成不规则的灰白色线状隧道。为害严重时,整个叶片布满蛀道,引起叶片枯萎脱落。先从基部叶片受害,逐渐向上部叶片发展。成虫能取食植物汁液,造成小白点。

2. 防治措施

(1)减少虫源 在大发生前的早春,及时清除田间和田边杂草,摘除栽培寄主的老叶;及时处理西瓜收获后的残叶,可降低越冬虫口基数,减少虫源。

(2)诱杀成虫 斑潜蝇成虫喜食糖液,可用糖液加农药诱杀;也可用捕虫网捕杀成虫。

(3)药剂防治 在成虫盛发期或发现幼虫为害时,及时用90%晶体敌百虫800～1 000倍液,或2.5%鱼藤精乳油500～800倍液喷洒防治。

(四)黄守瓜

黄足黄守瓜成虫体长6～8毫米。体色橙黄色或橙红色或带棕色,有光泽。复眼圆形。触角丝状。雌虫腹部较膨大,末端尖锥形,露于鞘翅外。幼虫体长11.5～13毫米。初孵幼虫为白色,以后头部逐渐变为褐色,胸腹部黄白色。

1. 为害症状 黄守瓜的成虫在西瓜幼苗的嫩茎、嫩叶上取食,咬食叶肉后使叶片呈现环形食痕或圆形孔洞。瓜苗受害时,叶片只剩下网状叶脉,造成缺苗断垄。以后它还会咬食花蕾及幼瓜,影响西瓜坐瓜。幼虫还常群集于瓜根周围和靠近地面的茎内,致使植株生长发育不良,甚至整株枯萎死亡。幼虫还能钻入幼瓜内蛀食,引起瓜腐烂,严重影响西瓜的品质和产量。

2. 防治措施 ①及时清除田间及四周杂草。②提早西瓜播种期,可以减轻为害。③利用成虫的假死性,清晨趁露水未干时进行人工捕杀。也可在瓜田里插一些草把和树枝,招诱成虫后捕杀。在瓜根周围铺上一层麦糠、麦秸或稻草等,以阻止成虫产卵和减轻成虫为害。④用90%晶体敌百虫1000倍液喷洒,还可用雷公藤粉在露水未干时撒于叶面毒杀成虫,或用1500～2000倍雷公藤液灌根杀灭幼虫。

(五)蝼　蛄

蝼蛄是瓜类中的一种重要害虫,近年来有逐渐发展的趋势。在分类上属直翅目,蝼蛄科。我国发生的主要有非洲蝼蛄和华北蝼蛄,其中以非洲蝼蛄发生更普遍。

1. 为害症状　蝼蛄的成虫和若虫在地下咬食西瓜幼苗的根、茎,有时将幼茎咬成乱麻状,使幼苗死亡。另外,蝼蛄在地表层穿行时造成孔洞和隧道,使土壤透风失水,致使根系与土壤分离或吸水困难,进而干枯死亡,造成缺苗断垄。

2. 防治措施

(1)农业防治　在田间安装40瓦黑光灯诱杀成虫,也可撒施毒饵诱杀成虫和若虫。将小麦、谷子、稻谷等煮成半开花捞起晾至半干,或将棉籽饼、豆饼等炒到有香味,加入90%敌百虫拌匀,于播种时将毒饵施入土壤中,也可于傍晚撒在地表诱杀。但以施入土壤防治效果最好,药效持续时间也长。

(2)药剂防治　在挖瓜沟后,用50%辛硫磷颗粒剂0.15～0.2千克,加水2.5～5升,拌入10千克过筛的炉渣,再掺入10～15千克细土,撒在沟中后再回填熟土,防治效果很好。

思考题

1. 猝倒病、枯萎病有哪些主要症状？如何防治？
2. 白粉病、炭疽病有哪些主要症状？如何防治？

3. 疫病、蔓枯病有哪些主要症状？如何防治？
4. 花叶病毒病有哪些主要症状？如何防治？
5. 根结线虫有哪些为害症状？防治措施是什么？
6. 美洲斑潜蝇有哪些为害症状？防治措施是什么？

第八章　西瓜的贮藏、保鲜技术

西瓜是各地普遍栽培的作物，上市集中，旺季时常常发生西瓜卖不出去的现象，而在春季、秋季和冬季西瓜价格很高，常常超出夏季的10倍以上。因此搞好西瓜的贮藏和保鲜，不仅对调节市场供应、满足消费者的需要具有重要意义，而且还可大大增加生产、经营单位和农户的经济收入，产生良好的经济效益和社会效益。

一、西瓜的贮藏生理特性

西瓜属呼吸跃变型瓜果，采后具有后熟过程。贮藏过程中，糖分含量逐渐降低，瓜瓤纤维增多，并在种子周围形成空隙。伴随种子成熟，营养物质含量逐渐减少，风味变淡。若贮藏时间较长，风味品质明显降低，且腐烂损伤较重。

西瓜喜温暖干燥，对低温敏感，不耐低温贮藏。贮温低于8℃易受冷害，表面出现不规则凹陷斑，进而变大、变深，表皮呈水浸状、色变深变暗。严重时果肉颜色变浅、纤维增多、风味劣变、引发腐烂。冷害症状往往在出库后升温时表现更明显。所以，西瓜贮藏中的腐烂往往与冷害有关。西瓜冷害温度与生态类型、产区、成熟度、贮期长短有关。其贮藏适温在成熟度低、贮期较长时应尽量高些；反之成熟度高、贮期短时可稍低些。

西瓜瓜皮较厚，气体交换困难，水分不易蒸发，适宜较干燥的贮藏环境条件，湿度高易导致西瓜腐烂。但贮藏环境的湿度不宜太低，过低的湿度会使瓜蒂干萎，西瓜失水过多会影响商品外观。因此，西瓜贮藏时应选择耐藏品种，一般瓜皮较厚、质地坚韧、可溶性固形物含量高的晚熟品种和无籽西瓜等比较适于贮藏。

二、提高西瓜贮运性的主要措施

(一)选择耐贮运的品种

凡是耐贮运的西瓜品种,大都是瓜皮硬而且具有弹性,含糖量和瓜瓤硬度的变化比较缓慢。新红宝对冷害敏感,影响贮藏效果。

(二)加强田间管理

西瓜贮藏期间的主要病害如炭疽病、疫病、褐色腐败病等,在田间即染上病菌。因此,应加强病害防治,减少田间染病,随时清除田间病蔓病叶。雨季防涝,及时排除田间积水。

(三)提前采收,防止伤瓜

采收过早的西瓜品质差,过熟的西瓜易倒瓤,均不耐贮藏。一般瓜以七八成熟时收获为好。西瓜的产销运程在 10 天以上者,七成半至八成熟采收;运程在 5~7 天者,可于八成半至九成熟采收;运程在 3 天以内者,可于九成半熟时采收;当地销售的,可在九成半至十成熟采收。选择晴天清晨采收,不要在烈日当头时采摘。每个西瓜留 10~15 厘米长的枝蔓。采摘时小心轻放,不但要防外伤,更重要的是防内伤。在采摘和运输过程中,防颠簸、振动和挤压,以防引起内伤而产生腐烂。

(四)避免机械损伤

西瓜在采收、装卸和运输过程中强烈振动、挤压等易造成损伤,入贮后极易腐败,果皮上的机械伤为病菌的侵入提供了通道。因此,贮藏用的西瓜既要避免表皮损伤,也要防止挤、压、摔和强烈振动,最好是在产地就地贮藏,避免过多搬动和长途运输。

(五)贮藏的适宜温、湿度

1. 温度　温度越高,呼吸消耗越大,后熟过程也强烈,糖分和瓜瓤强度的下降也就越大,而且高温有利于真菌的滋生,会造成西瓜的腐烂。短期贮藏的适宜温度为 8℃～10℃,长期贮藏的适宜温度为 12℃～14℃。温度低于 8℃时,易出现冷害。因此,贮期短时可采用较低的贮藏温度,以更好地保持品质。贮期在 20 天以内时则应保持在冷害阈值以上。

2. 湿度　对湿度的要求则不可过低,也不可过高。过低西瓜失水多,皮变软;湿度高,易滋生霉菌。据试验,一般相对湿度以 80%为宜。

(六)注意通风

西瓜贮运过程中要注意通风,不要和能够放出大量乙烯的果品如苹果、香蕉、杧果和甜瓜等混在一起,否则西瓜会提早变软,缩短保鲜时间。

(七)贮前防病

西瓜采后病害主要是炭疽病和疫病。防治方法主要从田间选无病瓜,再用一些防腐及保鲜剂处理。用于西瓜的防腐及防霉剂有下列几种。

克霉灵:按每千克西瓜 0.1～0.2 毫升的用量以棉球或吸水纸吸附,分散置于瓜的四周,用塑料薄膜密闭熏蒸 24 小时。

仲丁胺浸果剂:按每千克瓜用 40 毫升的量浸果 30～40 秒钟。

山梨酸衍生物:每千克瓜用 0.07 毫升熏蒸 24 小时。

1%葡萄糖衍生物液:浸果 30～40 秒钟。洗果后如能用 1 号虫胶加 4 倍水,涂抹果面,可减少水分蒸发、增加瓜皮光泽,还可防腐。

三、西瓜的简易贮藏方法

(一)普通室内贮藏

选择阴凉通风的空闲房屋,用40%甲醛150～200倍稀释液进行消毒。同时,入贮西瓜的果柄、果皮也要进行涂抹,然后喷洒1次6%硫酸铜溶液,避免细菌等病害沿维管束向果实内部侵染。地面先铺上一层消过毒的芦苇,然后按西瓜长的姿势单层摆放,房间门窗白天关上、夜晚打开,保持室温15℃～16℃、相对湿度80%左右,地面干燥时可适当喷水。用此法能贮存1个月,其色泽和品质与刚收获的西瓜相似。

(二)地窖贮藏

选择地势高燥、土层结构较坚实的地方,挖一个上口小、下口大、形似葫芦的地窖,深约3米,底部整平垫上1厘米厚的细砂,用40%甲醛150～200倍溶液进行消毒,然后趁凉将瓜入贮。沿窖四周按西瓜生长的原来姿态分层摆放,中间留出空间以便检查和装卸。窖口留1米见方并略高出地面,用支架撑起遮荫物遮荫、防水。窖温保持在15℃左右,二氧化碳浓度在2%～4%之间。用此法贮存,保鲜可达3个月。

(三)砂藏保鲜

经过40～50天的贮藏,能保持其色、香、味和营养基本不变。具体方法:选择通风透光的房屋,打扫干净,用细河砂垫底70厘米,抢晴天的傍晚或阴天采收七成熟的西瓜,每个西瓜留3个蔓节,在蔓节两端离节33厘米处切断,切口立即蘸上干草木灰,以防细菌侵入。每个蔓节留一片绿叶,西瓜排放于砂床上,再加盖细河砂，盖过西瓜5厘米厚，让3片瓜叶露于砂外。砂床只贮藏一层西瓜，防止压伤。每10天用0.1%磷酸二氢钾进行叶面追肥，保持叶片青绿。表面的砂子干燥现白时适当喷水，以提高湿度。

（四）涂抹保鲜

用鲜西瓜茎蔓研磨成浆喷涂在西瓜上，然后在普通房中进行贮藏，可藏85天，好瓜率可达80%。具体做法：处理的“药剂”是鲜的西瓜茎蔓，研磨成浆，经过滤后稀释为300～500倍液，喷湿西瓜表面，稍经晾干，即用包装纸（牛皮纸、旧报纸）包好，放到凉爽通风、不过分潮湿处存放。贮存过程中，每隔10天左右翻拣1次，把瓜顶变软、有霉烂的个体处理掉。

（五）盐水保鲜

选取成熟的中等大的西瓜，放入15%盐水中浸泡，然后捞起晾干，再密封在聚乙烯口袋里，藏入地窖；也可在窖里设置木板做成集装箱，将西瓜放入箱内。采用这种方法贮藏保鲜西瓜，经1年取出时西瓜表皮仍然鲜嫩如初，香甜可口，味道不变。

（六）臭氧保鲜

选择瓜秧健壮、瓜形端正、无病斑、六七成熟的西瓜，剪掉秧蔓，运到贮窖内。窖内先进行消毒，西瓜分级存放，用柔软的草垫垫起，不要直接接触地面或塑料薄膜，上面覆盖松柔的草袋，防止灰尘及水珠落到瓜上。贮藏期间温度保持在8℃较好。随着昼夜气温的变化及时增减保暖层，湿度保持在85%以上。适量放氧，定期翻动。施放臭氧，可以起到封闭和杀菌作用。150千克西瓜一昼夜需要20克臭氧，每隔12小时施放1次，每次15分钟，施放10克。隔5天戴干净手套轻轻将瓜翻动1次，发现病瓜及时挑出。贮藏西瓜的窖内不能同时存放其他水果或蔬菜。

(七)塑料薄膜袋简易气调贮藏

在贮藏窖中使用塑料薄膜袋包装贮藏,效果较好。方法是:在贮藏的第一个月保持窖内温度15℃~18℃,第二个月9℃~15℃,以后保持温度8℃左右。用稀释4倍的虫胶涂料抹瓜处理,并套0.04毫米厚的聚乙烯薄膜袋,每袋2个瓜,内放硅胶2小包以吸收因降温而凝结的水分,密封袋口贮藏。薄膜袋内保持二氧化碳2%、氧气10%。

(八)硅橡胶薄膜集装袋贮藏

它是由0.15~0.18毫米厚的聚乙烯塑料薄膜做成的封闭袋,上有一定面积的硅橡胶气体交换窗,对二氧化碳、氧气等有较高的选择通透能力,使集装袋内保持一定的氧气和二氧化碳浓度,并起到自动调节的作用。对不同品种和熟性的西瓜,只要调节硅窗,即可达到安全贮藏的目的。用这种方法保存西瓜,既简化管理又可提高贮藏效果,而且成本低。

思 考 题

1. 提高西瓜贮运性的措施有哪些?
2. 西瓜贮藏保鲜前病害防治技术有哪些?
3. 西瓜主要有哪些贮藏保鲜技术?

参　考　文　献

[1]　中国农业科学院郑州果树研究所等主编．中国西瓜甜瓜．北京:中国农业出版社,2000.6.

[2]　山东农业大学主编．蔬菜栽培学总论．北京:中国农业出版社,2000.5.

[3]　张福墁主编．设施园艺学．北京:中国农业大学出版社,2001.7.

[4]　张光明主编．绿色食品蔬菜农药使用手册．北京:中国农业出版社,2000.9.

[5]　邹志荣等主编．北方日光温室建造及配套设施．北京:金盾出版社,2002.9.

[6]　孙中冲．无公害方形无籽西瓜高产栽培技术．作物种植,2002(10).

[7]　赵晓梅,等．西瓜贮藏保鲜技术研究进展．中国果菜,2005(2):35－36.